"十四五"职业教育部委级规划教材

女装款式设计

NÜZHUANG
KUANSHI SHEJI

祝梅 王琳 主编

中国纺织出版社有限公司

内 容 提 要

本书以编者的实际教学经验为基础，对女装款式设计进行了解读，采用项目任务制，共包含五个项目。项目一为女上装款式设计，项目二为裙装款式设计，项目三为裤装款式设计，项目四为套装款式设计，项目五为礼服款式设计。目标是让学生了解女装款式的分类，明确女装各类款式设计要领，熟练掌握女装款式图的手绘技巧，能准确绘制出各类平面款式图及款式拓展设计。本书内容丰富新颖、图文并茂、案例多样、理论联系实际，以点带面，拓宽了读者视野，具有可学习性、可理解性、可操作性和新颖性。

本书既适合作为高等院校和职业院校服装专业教学用书，也可以作为服装行业专业人员与广大服装爱好者的参考用书。

图书在版编目（CIP）数据

女装款式设计 / 祝梅，王琳主编 . -- 北京：中国纺织出版社有限公司，2024.5

"十四五"职业教育部委级规划教材

ISBN 978-7-5229-1754-2

Ⅰ . ①女… Ⅱ . ①祝… ②王… Ⅲ . ①女服—服装设计—职业教育—教材 Ⅳ . ① TS941.717

中国国家版本馆 CIP 数据核字（2024）第 088423 号

责任编辑：施 琦 亢莹莹 责任校对：高 涵

责任印制：王艳丽

中国纺织出版社有限公司出版发行

地址：北京市朝阳区百子湾东里 A407 号楼 邮政编码：100124

销售电话：010—67004422 传真：010—87155801

http://www.c-textilep.com

中国纺织出版社天猫旗舰店

官方微博 http://weibo.com/2119887771

北京通天印刷有限责任公司印刷 各地新华书店经销

2024 年 5 月第 1 版第 1 次印刷

开本：787×1092 1/16 印张：10.75

字数：170 千字 定价：59.80 元

　　本书贯彻《"十四五"职业教育规划教材建设实施方案》精神，结合"中等职业学校专业目录"对本专业人才培养的要求，按照中等职业教育服装设计与工艺专业教学标准进行编写，以我国服装行业发展为背景，以职业能力培养为重点，与行业企业合作进行基于工作过程的课程开发与设计，充分体现职业性、实践性和开放性的要求。

　　本书通过以工作项目为导向、任务驱动的教学实践活动，实现做中学、学中做的教学特点和要求，体现服装行业的设计生产实际要求和环节，培养学生适应服装企业实际生产的设计能力，强调专业知识和专业技能的实际应用。开拓适合学生特点的"理论—实践—理论"的新模式深入企业实践，通过设计实践来增加体验、获得认知、发展情感，使学习成为学生的主体性、能动性和独立性生成、发展、提升的过程，注重应变能力，突出以就业为导向、以适应企业岗位职业能力为本的理念，满足学生职业生涯发展的需要。强化学生合作学习，通过对综合设计的理解，丰富服装设计理论及历史知识，提升学生认真观察和爱岗敬业的精神品质。

　　本书每个项目由教学活动任务和体验活动任务组成，采用项目教学法进行实践学习，以真实的设计项目或模拟项目为学习内容，鼓励学生体验应用、动手实践，在解决实际问题的同时学习和应用知识，采用分工合作模式共同呈现设计作品，提升学生集体意识和合作探究的精神品质。

　　本书由青岛市城阳区职业教育中心学校祝梅、青岛市教育科学研究院王琳担任主编，祝梅负责编写大纲并编写项目二、项目四内容，王琳老师负责全书统稿工作，青岛市城阳区职业教育中心学校王建英编写项目一内容，刘娜编写项目三内容；青岛职业技术学院刘晨晖编写项目五内容。青岛雅咪贝贝纺织科技有限公司设计总监佟乐天阁参与项目四内容编写,并给本书提供了宝贵建议。由于编者水平有限,加之时间仓促,错误和缺点在所难免,欢迎读者批评指正。

本书由山东省职业教育名师工作室专项经费资助。

本书可作为中等专业学校或中等职业技术学校服装设计与工艺、服装制作与生产管理、服装展示与礼仪等专业的教学用书,也可作为学生实践练习的参考书。

编者
2023年12月

目录
CONTENTS

项目一
女上装款式设计

学习内容：任务一　女衬衫款式设计

　　　　　任务二　女夹克衫款式设计

　　　　　任务三　女风衣外套款式设计

内容提要：本项目共包含三个任务，目标是了解女上装款式的分类，明确女衬衫、女夹克衫和女风衣外套各类款式设计要领，熟练掌握上装款式图的绘制技巧，能运用女上装设计要领准确绘制出各类女上装平面款式图及款式拓展设计。

梦幻霓裳——女上装款式设计

项目重点

- 了解女上装的款式及分类方式
- 掌握女衬衫、女夹克衫和女风衣等女上装款式变化要领
- 掌握女上装款式的绘制步骤及方法
- 能根据设计要点手绘及电脑绘制各类女上装款式图

内容导读

　　服饰的变迁是一部历史，也是一个时代发展的缩影，它是时代进步、文明、兴旺发达、繁荣昌盛的象征。在记录历史变革的同时，也映衬着一种民族精神，传承着当地的历史文化风俗，女装更是其中不可缺少的一部分。与男装、童装相比，女装具有更多的款式和风格变化及更广阔的市场，要进行女装设计，必须在掌握女性人体的基础上依靠大量的实践才能顺利进行。

　　女上装的款式多样，分类方式也很多。按款式可以分为衬衫、西装、风衣（大衣）、夹克、毛衣、T恤、背心、裹胸等；按季节可以分为春季服装、夏季服装、秋季服装、冬季服装；按长短可以分为超短外套、短外套、中长外套、长外套等；按用途可以分为内衣、家居服、睡衣、日常服等；按合体程度可以分为合体装、宽松装、紧身装。本项目将从款式分类来分析，共分为三个任务：衬衫、夹克衫、风衣外套。

任务一　女衬衫款式设计

◎任务描述

　　某服装企业希望能在中职学生中寻找设计人才，搭建中职学生设计人才与企业的桥梁，为学生了解学习女衬衫设计提供平台，帮助优秀的服装设计人才投身于女衬衫设计岗位，现举办"青衿之园杯"全国中职学生女衬衫设计大赛。作品要充分体现女衬衫款式的特点，且具有鲜明的时代感和文化品位，具有一定的商业价值。请各设计小组齐心协力，结合本任务要求，融合当前的流行元素，在尽可能短的时间内准确、严谨地完成设计方案。

◎知识目标

　　（1）了解女衬衫的分类。

　　（2）熟悉当前女衬衫的流行趋势（款式造型、色彩、图案、面辅料、工艺等），训练学生敏锐的捕捉能力与良好的创新能力。

　　（3）掌握手绘女衬衫款式图的具体步骤与方法。

◎技能目标

　　（1）掌握女衬衫款式的变化要领与方法。

　　（2）能进行女衬衫款式设计图的绘制与款式特征的表现。

　　（3）能根据所学女衬衫款式设计要领独立设计女衬衫单品系列。

　　（4）能够找到快速、便捷的方法来呈现不同风格衬衫的款式设计。

◎素养目标

　　使学生具备良好的想象力和创新力，不断推陈出新，创造出符合时代潮流、市场需求和消费者喜好的设计。

◎思政目标

　　启发学生在流行与经典间拥有正确的审美观，培养学生的批判性思维和创新意识。

◎课题知识

女衬衫基础知识

衬衫是现代服装中最常穿的上衣款式，用途广泛，风格多变（图1-1）。它既可作为外衣单独穿，也可以作为夹衣在外套里面穿；既可以春夏季穿，也可以秋冬季穿；既是正式着装必配款式，也是日常生活着装的必备款式。

图1-1 创意衬衫

衬衫是拥有多种穿法、男女老少皆宜的服装款式。其穿着范围很广，既可作为正式的服装外穿，也可内穿，或外配背心、毛衣、西装、大衣等。根据造型、衣长、领型、袖型、材料、装饰细节及用途等不同变化可进行分类，每种款式都会有不同的名称。

（一）根据廓型分类

1. H型

H型衬衫胸围、臀围松紧度适中，不收腰或仅有少量收腰，呈较宽松的箱状外形。此造型适用于罩衫式女衬衫、仿男式女衬衫等休闲类款式（图1-2）。

图1-2　H型衬衫

2. A型

A型衬衫的特征是肩部较窄，贴合肩部曲面，从胸部或胸下开始往臀围方向逐渐加大宽松量，整体造型呈A型（图1-3）。

图1-3　A型衬衫

3. X型

X型是最能体现女性魅力的合体收腰式服装造型，特征是胸部立体，腰部收省较多，与宽松的臀部形成鲜明的反差，塑身效果明显，对体型要求也较高（图1-4）。

图1-4　X型衬衫

4.T型

T型服装胸围的宽松量较大，肩部很平、很宽，较为夸张，不收腰，臀部收小，整体造型呈倒梯形。穿着舒适宽松，适穿面广，对体型的要求不高，适合设计成休闲装、运动装和便装（图1-5）。

图1-5　T型衬衫

（二）根据穿着用途分类

1.日常衬衫

普通日常衬衫可分为内穿型和外穿型两类。内穿型衬衫采用最基础的造型设计，其设计简练，无须过多的附加装饰，结构较为合体，尽量不妨碍运动，为了不影响外衣的形态，常采用轻薄柔软的面料，设计重点在于袖口、领口、门襟处，并与外衣的款式相协调。领子尺寸应符合人体的颈部特征，具有较好的舒适性和功能性。外穿型衬衫有长袖和短袖等多种形式，其胸围、袖围等部位造型一般较内穿型衬衫宽松。领子可以是关闭式，也可以是敞开式，门襟可设计成明门襟和普通门襟两种（图1-6）。

图1-6　日常衬衫

2.礼服衬衫

礼服衬衫常见于男式衬衫，多与晨礼服、燕尾服搭配，在重大的礼仪庆典场合穿着，彰显优雅高贵的绅士风度，具有欧洲的古典风格。晨礼服衬衫结构合体，腰部略微内收。通常采用普通领或双翼领，配以领带或阿斯科特领巾，成为晨礼服的标准形式。双翼领的造型变化基本上不受流行趋势的影响，以三种造型最为常见，即小双翼、大双翼和原型双翼领（图1-7）。

图1-7　礼服衬衫

3.便服衬衫

便服衬衫也称为休闲衬衫，是衬衫外衣化的一种形式。其造型洒脱、穿着舒适，多为休闲时穿着。休闲衬衫款式造型丰富，设计自由、随意，可设计成胸部以下呈直线型较宽松的形式，也可设计成腰部略微收小贴身合体的收腰式。领子可设计成翻驳领。胸前可设计一个或多个贴袋，造型及位置设计随意，无过多约束。衣长设计自由，下摆可为平摆，也可为圆摆。两侧可开衩或不开衩。袖子造型变化丰富，可为平装袖、落肩袖、插肩袖等多种形式（图1-8）。

图1-8　便服衬衫

（三）根据款式部位分类

衬衫除了按形态、造型进行分类外，还可以根据衣领与袖子的不同款式等细节进行区分，因此每种款式都会有不同的名称。

（1）按领型的基本形态可分为翻领衬衫、立领衬衫、连立领衬衫，按领型的设计变化可分为坦领衬衫、海军领衬衫、荷叶边领衬衫、荡领衬衫等（图1-9）。

图1-9　衬衫领型变化

（2）按袖型的设计变化可分为泡泡袖衬衫、荷叶边袖衬衫、短袖衬衫等（图1-10）。

图1-10　衬衫袖型变化

◎课题培训

一、衬衫款式变化要领

衬衫的设计通常将重点放在廓型、领型、袖子、门襟、下摆、袖克夫等部件。

现代衬衫的设计风格越来越趋向时装化。设计上不均衡的比例分割是常用手法之一，长长短短既增加了层次感，又简洁明快。除了用不对称设计来强化时尚感外，很多设计师都在领、袖上大做文章，这样的细节变化是当今衬衫的常态设计，改变了以往衬衫在人们心目中刻板的形象。

（一）廓型变化

女衬衫按廓型来分，大致可分为合体型和宽松型。合体型衬衫采用略宽松的X型，通常具备多种功能的省道或分割线，使衣服的立体结构与人体曲线相吻合；宽松型衬衫可采用X、A、H、T、O廓型和不同分割组合的造型，结构比较简单。H型衬衫为基本无分割、无省道的直线造型；A型衬衫下摆较大（图1-11）。

图1-11　衬衫廓型变化示意图

（二）领型变化

女衬衫领子造型多样化，领口、门襟和胸部区域有更多的细节设计。现有的各种领型都可以应用在女衬衫上，比较常用的有立领、翻领、男式衬衫领及各种花式领（荷叶领、带领结的领子、荡领、铜盆领、海军领）等（图1-12）。搭配套装穿着的衬衫在领子的设计上尤其重要，领子的繁简、领口的高低都要考虑到。

图1-12　衬衫领型变化示意图

（三）袖型变化

袖子是上装中活动频率最高、随人体运动变化量最大的部位。所以袖子的功能性设计是服装设计中的一个重点，袖子的舒适度很大程度上决定了服装的品质。袖子的使用遵循TPO原则，即时间（Time）、地点（Place）、场合（Occasion），合体袖子较为正式，宽松袖型常用于休闲款，夸张的袖型常常在秀场上出现，作为设计师张扬自己风格的表现形式。

袖子除了袖身的各种造型变化外，袖口也常以缀荷叶边的喇叭袖或仿古代宫廷侍女般的宽阔水袖来增加女性的柔美感。袖口的设计也是袖子设计的一个重点，袖子的名称常取决于袖口的造型，如灯笼袖、喇叭袖等（图1-13）。

图1-13　衬衫袖型变化示意图

（四）门襟变化

门襟是上装的重要结构，既具有聚集视觉焦点的审美作用，也具有方便穿脱的实用价值。在衬衫门襟处作装饰可强调设计重点，突出创意思维，使其形成服装的中心亮点（图1-14）。

图1-14　衬衫门襟变化示意图

（五）下摆变化

衬衫下摆部位作为服装的下边缘，它的造型可以影响衬衫的外轮廓。如散摆的设计使衬衫呈现A型廓型，直筒的下摆使服装呈现箱型外观。下摆部位的常用设计装饰手法有镂空、流苏、蕾丝等（图1-15）。

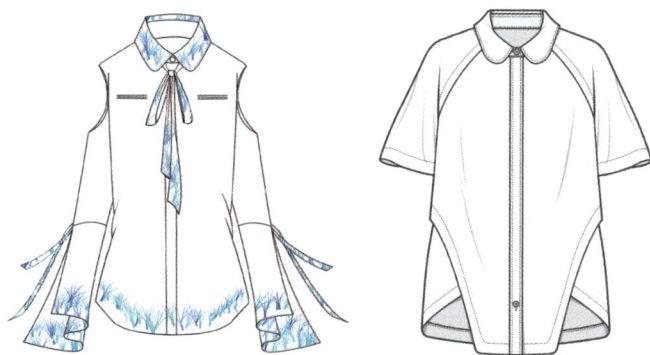

图1-15　衬衫下摆变化示意图

总之，衬衫是四季必备的服饰之一，易搭配，穿着舒适、美观，褶裥、绣花、印花等装饰性设计较多，除廓型结构要表达清楚外，还要表达褶裥的类型、褶裥的宽度、褶裥有无明线、明线的宽度、单明线还是双明线、线迹类型等。此外，还应注意复杂结构的穿插关系、前后关系等。

二、女衬衫款式绘制

以图1-16所示的款式为例，其绘制的详细步骤如下。

图1-16 衬衫款式例图

（一）确定基础衣片（图1-17）

（1）在Corel DRAW软件中，用形状工具绘制出前衣片左片。

（2）通过前衣片左片复制出右片，执行"焊接"命令，并画出领子的上结构线。

（3）复制出一个外轮廓图作为后衣片备用。

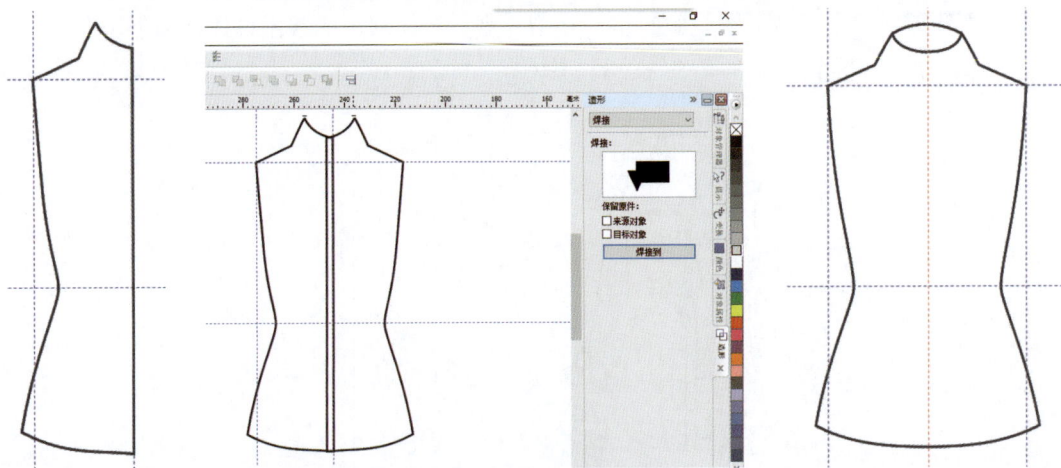

图1-17 衬衫轮廓

（二）领子绘制（图1-18）

（1）根据领子款式特征用"贝塞尔"工具绘制出左领片。

（2）复制出右领片。

（3）画出领底线和立领翻领的分割缝。

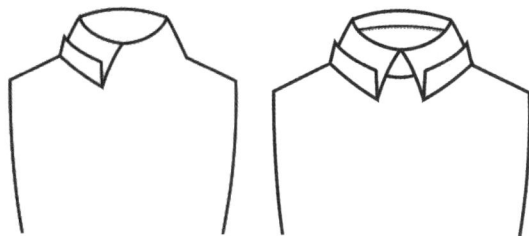

图1-18 衬衫领子绘制

（三）袖子绘制（图1-19）

（1）根据袖子款式特征用"贝塞尔"工具绘制出左袖片。

（2）复制出对称的右袖片。

图1-19 衬衫袖子绘制

（四）绘制款式细节（图1-20）

（1）画左片局部细节，如门襟、分割线、衣褶、装饰等。

（2）按Ctrl+Shift+Q组合键，将衣褶线变成粗细线，并复制出右片的款式细节。

图1-20 衬衫细节绘制

（五）背面图绘制

将前衣片外轮廓和袖片复制作为背面的外轮廓和袖子，局部细节根据款式特征画出后衣片的款式（图1-21）。

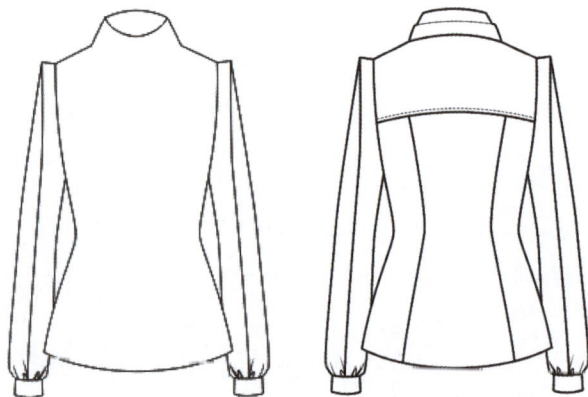

图1-21　衬衫背面绘制步骤

（六）添加面料

用Photoshop软件添加上面料即可（图1-22）。

图1-22　衬衫款式整体效果

★小贴士★

亲爱的设计师们，经过我们大家的共同努力，你们对女衬衫的知识掌握了吗？现在是发挥你们创作才能的时刻了，请各团队齐心协力完成各自的设计方案吧！

◎ 课题演练

运用所学知识，根据例图提供的女衬衫进行款式图绘制（图1-23）。

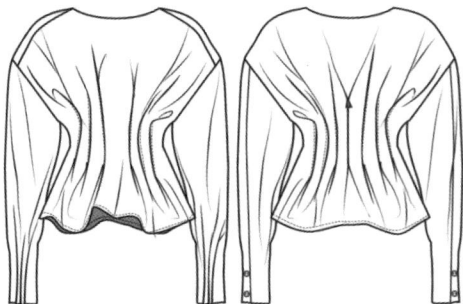

图1-23　衬衫演练例图

具体要求：（1）款式绘制比例合理。

（2）细节刻画清晰准确。

（3）绘制线条流畅、粗细恰当。

评价用表

序号	具体指标	分值	自评	小组互评	教师评价	小计
1	款式图表现清晰，便于理解和交流，整体造型效果美观	2				
2	款式具备创新特色和流行时尚元素	2				
3	款式细节（分割线、褶裥、省道、衣领、袖口等）表达明确	2				
4	系列款式风格统一	2				
5	款式绘制比例恰当，线条清晰流畅、粗细恰当	2				
合计		10				

◎ 课题拓展

以一个教学班为单位模拟服装企业设计部，分成4个设计小组，每组4~6人。任务：某品牌春夏新品开发的女衬衫设计，按女衬衫变化要领及绘制步骤设计10款正面、背面款式图。

要求：（1）以设计图稿的形式手绘款式图。

（2）细节设计处需绘制工艺分析图。

（3）比例正确，款式新颖。

（4）标注面辅料小样。

款号	1	2	3	4	5
图样					
色彩小样					
款号	6	7	8	9	10
图样					
色彩小样					

任务二　女夹克衫款式设计

◎任务描述

　　根据A女装公司的主题和系列设计，设计师展开女夹克衫款式设计，把系列中的款式设计具体化，作为设计团队的成员需要寻求各系列风格的不同点及特色，根据设计点寻求设计灵感，并绘制不同风格的系列衬衫。

◎知识目标

　　（1）了解女夹克衫的分类。

　　（2）熟悉当前女夹克衫的流行趋势（款式造型、色彩、图案、面辅料、工艺等），训练学生敏锐的捕捉能力与良好的创新能力。

　　（3）掌握手绘女夹克衫款式图的具体步骤与方法。

◎技能目标

　　（1）掌握女夹克衫款式的变化要领与方法。

　　（2）能进行女夹克衫款式设计图的绘制与款式特征的表现。

　　（3）能根据所学女夹克衫款式设计要领独立设计女夹克衫单品及系列。

　　（4）能快速、便捷地呈现不同风格衬衫的夹克衫款式设计。

◎素养目标

　　培养学生具备创新思维和创造力，设计出具有时尚感的服装作品。

◎ 思政目标

提高学生对服装文化背景知识的掌握和应用，不盲目追求国外的设计样式，充分认识我国传统民族艺术元素及造物思想在服装设计中的应用价值。

◎ 课题知识

女夹克衫基础知识

夹克衫也称夹克，是一种男女均可穿着的衣摆、袖口可收紧的宽松短小的外衣款式。夹克最初是工作服，它的款式造型及结构形式是为了满足特定的工作需要而设计的。在西方国家，一般把有袖子、有前门襟、衣长在臀围线上下的男女短款上衣统称为夹克。我国原来所说的夹克衫通常是指胸围放松量较大，在腰部和袖口有收口的式样，主要用于工作服和运动服。

现代夹克作为一种时装而流行，是与现代人的快节奏生活分不开的。其着装轻松随意，便于运动且安全实用，慢慢地被人们引入了日常服装，并成为一种休闲时尚的代表。与在正规场合穿着的套装截然不同，它主要体现轻松、随意、舒适的风格，一般较为宽松。但是，在当今服装流行合体、面料具有弹性的情况下，年轻人的夹克也可以做得非常合体。

女夹克的穿着季节较长，适用场合较多，面料可根据用途、季节及款式设计与流行来选择。可用面料种类繁多，如化学纤维或合成纤维，天然的棉、麻、丝、毛，都可以运用于不同款式的夹克之中。在春秋冬季，大多选用华达呢、薄毛呢、天鹅绒、灯芯绒、牛仔布、皮革等制作女夹克。夏装女夹克多选用麻、棉布、丝绸等作为面料。

按使用功能，夹克衫大致可归纳为三类：职业夹克衫、便装夹克衫和礼服夹克衫。

（一）职业夹克衫

职业夹克衫设计注重实用性与功能性。其特点是口袋多，多为拉链式门襟，领、袖及下摆为收口设计。口袋也只为实际用途而设置（图1-24）。

图1-24　职业夹克衫

（二）便装夹克衫

便装夹克衫款式设计变化丰富，结合每年的流行趋势，或简约或繁复，在款式和面料上都有大量的创新和变化。印花、刺绣、钉珠等装饰工艺的加入，使其风格更加多变（图1-25）。

图1-25　便装夹克衫

（三）礼服夹克衫

礼服夹克衫款式相对变化稍小，廓型较为修身，领型变化不大，一般在传统的驳领、青果领上根据潮流做宽窄的变化。主要设计更新体现在面料及搭配方式的变化上。

总的来说，无论款式如何变化，穿脱方便、轻便实用一直是夹克衫最受欢迎的特点，在现代生活中，夹克衫轻便舒适的特点决定了它的生命力。随着现代科学技术的飞速发展，人们物质生活水平的不断提高，服装面料的日新月异，夹克衫将同其他类型的服装款式一样，以更加新颖的姿态活跃在世界各民族的服饰生活中。通过对国内外素材的收集，学生对自我有了更深入的了解，不仅传递了美，而且体现了新时代年轻人朝气蓬勃的精神风貌。服装作为载体传达人文精神，提高人文素养。

◎课题培训

一、夹克衫款式变化要领

直筒造型和三紧结构是夹克衫的显著特征。宽松的衣身和宽肥的袖子，为人体的活动提供了充足的内空间，也使夹克衫的穿着更加舒适。"三紧"指领口紧、袖口紧和衣摆紧，是夹克衫原始的样式，由于束紧的领口过于封闭和保守，现代的夹克衫衣领已得到迅速发展，各种衣领均可使用，但袖口紧和衣摆紧作为夹克衫的基本特征，一直被沿用下来。

设计要点如下。

（一）领型及门襟扣合方式变化

夹克衫领型变化十分丰富，常用的领款有翻领、翻驳领、立领、立翻领、青果领、罗纹领、多层领及各种不对称的侧偏领等。夹克衫门襟的扣合方式也十分多样，有扣子、四合扣、尼龙搭扣、襻扣、拉链、卡子等（图1-26）。

图1-26 夹克衫领型及门襟变化

（二）袖窿结构变化

袖窿处的结构直接影响夹克衫的外观效果。常用的结构形式有上肩袖、落肩袖、插肩袖及前上肩后插肩的混合结构等。上肩袖肩部平挺、棱角分明，有端庄、利落感；落肩袖宽松、舒适随意，有洒脱、自然感；插肩袖流畅、圆润，有刚柔相济的感觉；混合结构灵活多变，有变幻莫测的感觉（图1-27）。

图1-27 夹克衫袖窿结构变化

（三）袖口、衣摆收紧方式变化

夹克衫的袖口和衣摆收紧的方式有多种，如松紧带、针织罗纹、加袖头、缉活褶、加拉链、加扣襻、加带子、加扣子、加抽带等（图1-28）。但要注意，在安放松紧带或罗纹时，要把前门襟留出来，以便夹克衫的开合。

图1-28　夹克衫袖口、衣摆收紧方式变化

（四）口袋形态及装饰变化

口袋是夹克衫不可或缺的部件，其设计变化是夹克衫的最大特点，多采用较大的插袋、贴袋及各种装饰口袋（图1-29）。在装饰上，可采用缉明线、电脑绣花、丝网印花、多色镶拼等手段丰富夹克衫的款式效果。夹克衫还可增加各种装饰物，如各种金属或塑胶拉链、金属圆扣（四件扣），金属卡子和各种塑料配件的相互搭配。

图1-29　夹克衫口袋变化

（五）分割形式变化

分割是夹克衫款式构成的一个重要方面。分割既能充实款式内容，又能使款式显得更加活泼。为了强调夹克的装饰变化效果，在衣身及袖子部位经常采用分割线设计，并在分割线上缉上明线。夹克衫还会将口袋、拉链、皮带等配件作为设计的重点，通过它们产生各种变化。分割有横线、竖线、斜线、曲线四种形式，还可在分割线中夹牵条、包绳或者拼色（图1-30）。

图1-30　夹克衫分割形式变化

二、女夹克衫款式绘制（图1-31）

图1-31　夹克衫款式例图

（一）确定基础衣片（图1-32）

（1）在Corel DRAW中，用"贝塞尔"工具绘制出前衣片框架图。

（2）用"交互式调和"工具画出下摆罗纹。

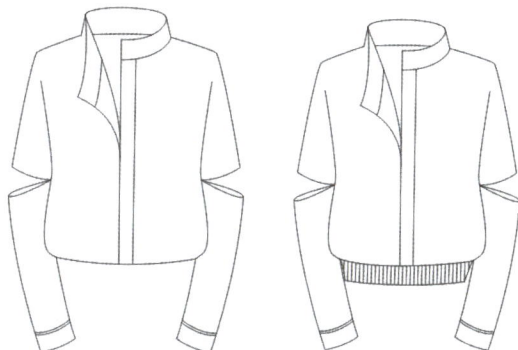

图1-32　夹克衫轮廓绘制

（二）款式细节绘制

（1）用"贝塞尔"工具绘制夹克衫里边的款式细节。

（2）绘制出门襟和袖子处的拉链和拉链头（图1-33）。

（3）按Ctrl+Shift+Q组合键，将衣褶线变成粗细线（图1-34）。

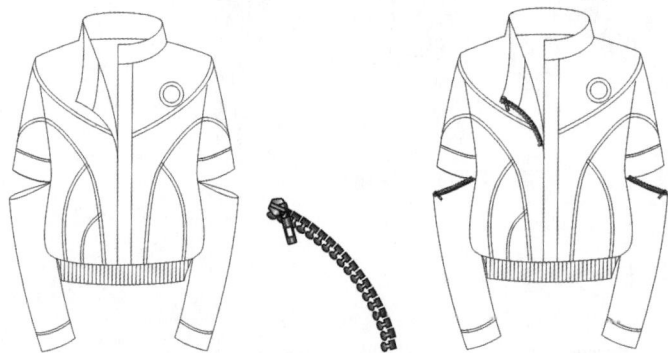

图1-33　夹克衫款式细节绘制

图1-34　夹克衫线条粗细
变化绘制

（三）背面图绘制

将前衣片外轮廓和袖片复制作为背面的外轮廓和袖子，局部细节根据款式特征画出后衣片的款式（图1-35）。

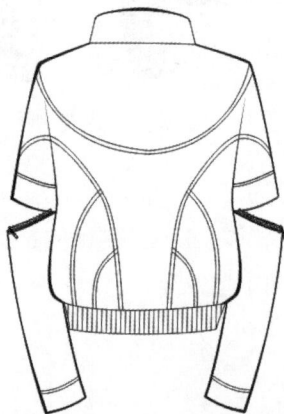

图1-35　夹克衫背面绘制效果

★小贴士★

亲爱的设计师们，经过我们大家的共同努力，你们对女夹克衫的知识掌握了吗？现在是发挥你们创作才能的时刻了，请各团队齐心协力完成各自的设计方案吧！

◎ 课题演练

运用所学知识，根据例图提供的女夹克衫进行款式图绘制（图1-36）。

图1-36　女夹克衫演练例图

具体要求：（1）款式绘制比例合理。

　　　　　（2）细节刻画清晰准确。

　　　　　（3）绘制线条流畅、粗细恰当。

评价用表

序号	具体指标	分值	自评	小组互评	教师评价	小计
1	款式图表现清晰，便于理解和交流，整体造型效果美观	2				
2	款式具备创新特色和流行时尚元素	2				
3	款式细节（分割线、褶裥、省道、衣领、袖口等）表达明确	2				
4	系列款式风格统一	2				
5	款式绘制比例恰当，线条清晰流畅、粗细恰当	2				
合计		10				

◎ 课题拓展

以一个教学班为单位模拟服装企业设计部，分成4个设计小组，每组4~6人。任务：某品牌春夏新品开发的女便装夹克衫设计，按女夹克衫变化要领及绘制步骤的设计8款正面、背面款式图。

要求：（1）以设计图稿的形式手绘款式图。

（2）细节设计处需绘制工艺分析图。

（3）比例正确，款式新颖。

（4）标注面辅料小样。

款号	1	2	3	4
图样				
色彩小样				
款号	5	6	7	8
图样				
色彩小样				

任务三　女风衣外套款式设计

◎任务描述

根据某女装公司的季度工作安排，要进行该品牌的新季产品开发工作。在公司总经理和设计总监及整个设计部的产品研发会议中，规定了设计产品类别的构架和风格，设计师和设计助理根据上级下达的产品开发任务，要求把秋季风衣的款式设计具体化，寻找风衣款式的突破点，根据风衣的设计要点寻找设计灵感并绘制不同风格系列的风衣，完善秋冬季产品种类。

◎知识目标

（1）了解女风衣外套的分类。

（2）熟悉当前风衣款式的流行趋势。

（3）具有市场调查能力与分析能力，按要求收集各风格风衣的相关最新款式、面料、装饰及工艺资讯。

（4）掌握手绘女风衣款式图的具体步骤与方法。

◎ 技能目标

（1）掌握女风衣款式的变化要领与方法。

（2）能进行女风衣款式设计图的绘制与款式特征的表现。

（3）能快速、便捷地呈现不同风格风衣的款式设计。

◎ 素养目标

使学生具备良好的想象力和创新能力，不断推陈出新，创造出符合时代潮流、市场需求和消费者喜好的设计。

◎ 思政目标

启发学生在流行与经典间拥有正确的审美观，培养学生的批判性思维和创新意识。

◎ 课题知识

女风衣基础知识

风衣又称风雨衣，是一种既可用于防风挡雨，又可用于防尘御寒、保护服装的薄大衣，适合春、秋、冬季外出穿着。由于具备易搭配、美观实用、适用人群广等特点，风衣深受人们的喜爱。在我国古代，大衣指女性的礼服，该词源于唐代，沿用至明代。西式大衣约在19世纪中期与西装同时传入中国。

据载，风雨衣是在第一次世界大战中的英国诞生的。原来的款式为双襟双排扣，有腰带，领子能开关，插肩袖，有肩襻、袖襻，在肩上与背上有遮盖布以防雨水渗透，下摆较大便于做动作。20世纪60年代初，这种男装款式受到女性的青睐，女式风雨衣开始出现。至今，这种既能御寒又能遮风挡雨的服装款式，已经成为人们生活中常见的服装，是人们上下班、外出办事、旅游、出差不可或缺的服装。

风衣通常是厚度适中或较薄的外套，衣长大多超过臀部，常用防水面料，有单层、有复合，也有皮革材质的。风衣按照长度可以分为长风衣（衣摆至脚踝或小腿肚）、短风衣（衣摆至大腿中部）、半大风衣（衣摆与膝盖平齐）三种类型。

现代风衣还可以按照风格用途分为四类。

（一）战壕风衣

战壕风衣是商务和时尚人士都爱的款式，因为原先就是户外服装，也曾是军队用装，所以其混合了休闲感和制服感，更适合的是商务半正式风格。它是商务人士的休闲装，时尚人士的知性装。其接受度很广，有修饰体型、挺拔身形的作用。腰带系在前面或束在后面都有修身效果，胖瘦都能穿，并且有不同的长度适应高矮。它的款式特点为：双排扣，有前肩覆（前胸肩下的装饰布片），高领座翻领，有肩襻和腰带，袖口处有襻，插袋通常有袋盖，合身板型为主，也会略有收腰或略有A摆（图1-37）。

图1-37　战壕风衣

（二）单排扣直身风衣

单排扣直身风衣是最简洁版的风衣。最能穿出有内涵、文质彬彬的文雅风格，是工作装的很好选择，偏内敛型性格，深具百搭性能，所以直身风衣也是设计师最爱"创新"的款式。它的款式特点：单排扣，低领座翻领，几乎无装饰，插袋通常无袋盖，肩宽常规，但身上为直身宽松板型，也会略有A型（图1-38）。

图1-38　单排扣直身风衣

（三）户外风衣

抽绳揉皱户外风衣是介于登山装防风服和都市风衣之间的款式，更能表现街头潮酷的风格，尤其是日韩风着装。它的款式特点：常见拉链和四合扣，连帽和立领都有，腰部、下摆、帽子、袖口、领口多有抽绳，缝合线略微起皱是一大特色，有些可见做旧水洗效果，口袋显眼，以宽松板型为主（图1-39）。

图1-39　户外风衣

（四）前卫夸张风衣

前卫夸张的时尚风格，多为时尚人士设计造型用的风衣款式。宽大风衣敞开穿，像披风。束腰穿，松紧对比强烈，很有存在感。它的款式特点：超过常规尺寸的大风衣，多为设计感强的款式，可束腰（图1-40）。

图1-40　前卫夸张风衣

◎课题培训

一、风衣款式变化要领

风衣以造型灵活多变、健美潇洒、美观实用、款式新颖、携带方便、富有魅力等特点，深受人们的喜爱。其设计要点如下。

（一）服装造型及长短

风雨衣的造型多样，基本有X型、小A字型、大A字型、H型等（图1-41）。风衣的廓型线条多吸收大衣的特色，而款式细节则吸收套装的一些处理方法，整体效果较大衣更丰富、表现力更强。如果说大衣的设计是"从整体到整体"的话，那么风衣的设计就是"从大处着眼、从小处着手"，以显示其精致而耐人寻味的特征。在长短方面，有长风衣、短风衣、半大风衣三种类型。

图1-41　风衣造型变化

（二）衣领形态及门襟

风衣的衣领有翻领、立领、连衣领、连帽领及一些左右不对称的侧翻领等（图1-42）。门襟有双排扣的偏开襟、单排明扣或暗扣的中开襟、用拉链扣合的对襟，以及里面有拉链再外加门襟挡的门襟形式。在扣合方式上，有扣子、拉链、四合扣、尼龙搭扣、扣襻、卡子、系带等不同方式。

图1-42　风衣衣领及门襟变化

（三）口袋形态及装饰变化

风衣的口袋有明贴袋、暗挖袋、借缝袋、立体袋等多种类型，安放的形式及形态也十分多样（图1-43）。装饰较多，是风衣的一个显著特点。肩襻、袖襻是用在肩上和袖口边的带状面料，是具有军装特点的装饰物，可以很好地利用。除此之外，还有缉明线、夹牙儿、抽带、镶嵌丝带等装饰手法的运用。

图1-43　风衣口袋变化

（四）袖子及分割形式变化

风衣的结构变化主要在袖子和省道的设置上（图1-44）。袖子有插肩袖和连肩袖之分，按设计风格分类有衬衣袖、泡泡袖、蝙蝠袖等多种类型；省道有刀背省、冲天省、腰省或无省等。风衣分割线的运用十分普遍，横线、竖线、斜线、曲线的分割形式都有。横线分割，有偏上、偏下、居中、居中下四处常见部位；竖线分割，有居中、偏左、偏右的不同；斜线和曲线分割，则偏左偏右、偏上偏下均可，十分灵活多变。

图1-44　风衣袖子及分割形式变化

二、女风衣款式绘制

以图1-45所示的款式为例，其绘制的详细步骤如下。

图1-45　风衣款式例图

（一）确定基础框架（图1-46）

（1）用形状工具绘制出前衣片左片。

（2）通过前衣片左片复制出右片，并将左片放置在前面。

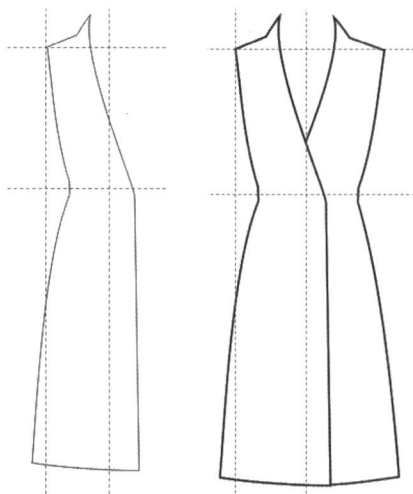

图1-46　风衣轮廓绘制

（二）领子绘制（图1-47）

（1）根据领子款式特征用"贝塞尔"工具绘制出左领片。

（2）复制出右领片。

（3）画出腰带和卡子。

图1-47　风衣领子绘制

（三）袖子和细节绘制（图1-48）

（1）用"贝塞尔"工具绘制出衣褶线和分割线。

（2）根据袖子款式特征用"贝塞尔"工具绘制出左袖片并复制出对称的右袖片。

（3）按Ctrl+Shift+Q组合键，将衣褶线变成粗细线。

图1-48　风衣袖子绘制

（四）背面图绘制

　　将前衣片外轮廓和袖片复制作为背面的外轮廓和袖子，局部细节根据款式特征画出后衣片的款式（图1-49）。

图1-49　风衣背面绘制步骤

★小贴士★

　　亲爱的设计师们，经过我们大家的共同努力，你们对风衣的知识掌握了吗？现在是发挥你们创作才能的时刻了，请各团队齐心协力完成各自的设计方案吧！

◎课题演练

　　运用所学知识，根据例图提供的风衣进行款式图绘制（图1-50）。

图1-50　风衣演练例图

具体要求：（1）款式绘制比例合理。

　　　　　（2）细节刻画清晰准确。

　　　　　（3）绘制线条流畅、粗细恰当。

评价用表

序号	具体指标	分值	自评	小组互评	教师评价	小计
1	款式图表现清晰，便于理解和交流，整体造型效果美观	2				
2	款式具备创新特色和流行时尚元素	2				
3	款式细节（分割线、褶裥、省道、衣领、袖口等）表达明确	2				
4	系列款式风格统一	2				

序号	具体指标	分值	自评	小组互评	教师评价	小计
5	款式绘制比例恰当，线条清晰流畅、粗细恰当	2				
合计		10				

◎ 课题拓展

以一个教学班为单位模拟服装企业设计部，分成4个设计小组，每组4~6人。任务：根据某女装公司品牌秋冬新品开发设计女式风衣，进行女式风衣的设计素材收集，并按女式风衣风格的要求设计10款不同正面、背面款式图。

要求：（1）以设计图稿的形式于绘款式图。

（2）细节设计处需绘制工艺分析图。

（3）比例正确，款式新颖。

（4）标注面辅料小样、必要的尺寸规格，进行简单描述。

款号	1	2	3	4	5
图样					
色彩小样					
款号	6	7	8	9	10
图样					
色彩小样					

◎ 课外知识拓展

电影中风衣的经典风范

淑女风范

电影《丽人行》（*Two for the Road*）中的奥黛丽·赫本（Audrey Hepburn），是数以万计的女人心目中的偶像。她如天使般的面孔，天真、甜美、高贵的形象气质，成为好莱坞的票房保证。她喜欢自己在电影里的装扮，生活中的她也保持着这种清纯的美丽。高贵典雅、端庄独立、简单随意的穿着是奥黛丽·赫本喜爱的风格。把风衣穿得极尽淑女风范，她的优雅气质让无数爱慕她的人艳羡不已，从而成为大众的仿效版本，让人们尽情体味风衣的淑女本色。束腰带，这是风衣流行首先需要牢记的词汇，那种宽宽大大的袍子已经过时了，同质地的腰带或者类似丝带般宽宽的腰带才最能代表秋季的时髦装扮。

工装佳人

服装设计师们从电影中汲取灵感，把风衣根据电影的素材分成三种不同的风格，让风衣的款式更加丰富、时尚、优雅，从而引领了新的流行趋势；工装风格更加夸张、硬朗中性，增加了金属扣牌和拉链做装饰；淑女风格更注重细节设计，面料色彩柔和甜美；时尚风格采用多种颜色的方格图案，青春靓丽。

电影《卡萨布兰卡》（Casablanca）中英格丽·褒曼（Ingrid Bergman）穿着的中性款式风衣，让许多影迷难以忘怀。时尚的步伐受不了稍有懈怠的变化，总要以新的形式对昨日进行挑战，有时是穿着方式上的改观，有时是衣饰内容上的变化。但是，20世纪下半叶成为秋冬女装时尚主流的风衣系列，却万变不离其宗地保持着很高的人气指数。

时尚方格

《律政俏佳人》（Legally Blonde）这部都市轻喜剧，在服装造型上颇下功夫，剧中瑞茜·威瑟斯彭（Reese Witherspoon）的服装造型非常时尚靓丽，女主人公身穿粉方格风衣青春时尚，让这些时尚的追随者也做一次方格丽人。有风的日子里，风衣是最煽情的衣服。随风舞动的衣摆包含着对秋天的种种眷恋，洒脱的女人用它来挥洒风度，而柔弱的女子也用它来包裹自怜自爱。爱上冬天的外套，就像一双完美的高跟鞋或者手袋一样，一件完美的外套拥有让人立刻更加迷人的力量。

项目二
裙装款式设计

学习内容：任务一　半身裙款式设计

任务二　连衣裙款式设计

内容提要：本项目共包含两个任务，目标是了解裙装款式的分类、明确半身裙和连衣裙装各类款式设计要领，熟练掌握手绘裙装款式图的绘制技巧，能运用裙装设计要领准确绘制出各类裙装平面款式图及款式拓展设计。

袅娜娉婷——裙子款式设计

项目重点

- 了解裙子的款式及分类方式
- 掌握半身裙、连衣裙等裙装款式的变化要领
- 掌握裙装款式的绘制步骤及方法
- 能根据设计要点手绘各类裙子款式图

内容导读

　　裙子是人类服装史上最古老的服装品种之一，至今仍被认为是最能体现女性曲线美的服饰之一。裙子在现代生活中所起的作用更为显著，裙子的造型、色彩、长短也随着流行而不断地变化，充分展示女性的无穷魅力。而在众多古代裙装中，以石榴裙、百鸟裙和留仙裙三种最具中国代表性。三大古代裙装诠释了三种不同的气质和文化。它们不仅代表着古代时期女性的身份和美丽，更传承着几千年来中国的传统文化和风俗。

　　现代裙子的分类标准很多，根据裙子的长度可分为长裙、中长裙、中裙、短裙和超短裙；按照其外形来分，有窄裙、宽裙、喇叭裙、多节裙、多层裙等；根据腰围线高低位基准可分为高腰裙、低腰裙、无腰裙、背心裙等；根据裙片的数目可以分为一片裙、两片裙、六片裙、八片裙、多片裙等；根据场合可分为正装裙和休闲裙；根据造型结构不同，可分为直裙、斜裙、拼接裙等（图2-1）。

图2-1　创意裙装

任务一 半身裙款式设计

◎ 任务描述

半身裙具有凉爽、透气、轻便的功能，还具有经济实用、样式美观，穿着飘逸、活泼等优点。某女装品牌开始新一季设计开发，公司设计室决定安排设计攻关小组，根据产品开发规划和产品开发任务，进行新季度半身裙款的收集、整理，并绘制其款式图。请各设计小组齐心协力，结合本任务的要求，融合当前的流行元素，在尽可能短的时间内准确、严谨地完成半身裙设计。

◎ 知识目标

（1）了解半身裙的分类。

（2）熟悉当前半身裙款的流行趋势（款式造型、色彩、图案、面辅料、工艺等），训练学生敏锐的捕捉能力与良好的创新能力。

（3）掌握手绘半身裙款式图的具体步骤与方法。

◎ 技能目标

（1）能进行半身裙装款式设计图的绘制与款式特征的表现。

（2）能够掌握半身裙款式的变化要领与方法。

（3）能根据所学裙装款式设计要领独立设计半身裙装单品系列。

◎ 素养目标

培养学生不断追求成为最好的自己，将高品质的材料、工艺和设计融合在一起，以满足客户的需求。

◎ 思政目标

提升学生的艺术审美，培养学生认真观察和爱岗敬业的精神品质。坚信我国深厚的历史文化底蕴能够为当代服装艺术设计提供丰富的设计资源与宝贵的设计灵感。

◎课题知识

半身裙基础知识

裙装的款式造型变化十分多样，款式造型是否优美适体，关键在于腰部与臀部的造型设计。半身裙，即能遮盖人体下肢部位的裙装，一般由裙腰和裙体构成，有的只有裙体而无裙腰。

半身裙因通风散热性能好、穿着方便、行动自如、款式变化多端等诸多优点为人们所广泛穿着。半身裙按裙腰在腰节线的位置区分，有中腰裙、低腰裙、高腰裙；按裙长区分，有长裙（裙摆至小腿中部以下）、中裙（裙摆至膝以下、小腿中部以上）、短裙（裙摆至膝以上）和超短裙（裙摆仅及大腿中部）；按裙体外形轮廓区分，大致可分为筒裙、斜裙、缠绕裙三大类。

本项目主要从正装裙和休闲裙来讲述。

（一）正装裙

正装裙是女性出席正式场合穿着的裙装类型，廓型主要以直筒、窄身为主，板型在腰和臀部贴合人体，臀以下呈直筒状或略向内倾的倒圆台状，裙摆大小以满足职场腿部活动的需要为标准，以显现女性的端庄与优雅；用于各类宴会场合穿着时，其廓型变化多样，呈鱼尾型较多，板型从腰到臀或腰到膝部贴合人体，下摆绽放，以显现女性的优雅与妩媚。正装裙的常见形式有西服裙、一步裙、鱼尾裙等。

1.西服裙

西服裙又称西装裙，指从裙腰开始自然垂落的筒状或管状裙。通常配以西装上衣或衬衫穿着。特点是腰部到臀部紧贴身体、下摆自然下垂，呈H型、略呈A型或略呈V型，造型简洁端庄（图2-2）。

图2-2　西服裙

2.一步裙

一步裙是与运动型裙装相对应的典型的淑女裙装，裙身廓型呈V型且裙长至膝盖以下，制约步幅，故得名一步裙。一步裙的特点是从腰到臀贴合人体曲线，从臀部至下摆逐渐变窄呈V字廓型，能充分体现女性优美的身体曲线和端庄大方的气质（图2-3）。

图2-3　一步裙

3.鱼尾裙

鱼尾裙是指裙子在上半部与身体紧密贴合，裙摆自臀部或膝部突然向下展开，呈波浪状，裙身廓型酷似鱼尾的裙装。其特点是鱼尾裙大多为长裙款式，其流畅的裙身曲线和夸张的下摆，体现了女性的妩媚和优雅，常作为女性晚礼服与社交场合穿着（图2-4）。

图2-4　鱼尾裙

（二）休闲裙

休闲裙板型较正装裙更为宽松，通过腰臀围及下摆比例的合理分配，廓型自然且便于着装者休闲活动。休闲裙的常见形态有褶裙、塔裙、波浪裙等。

1. **褶裙**

褶裙包括抽褶裙和褶裥裙两类。其中抽褶裙是指在腰部抽褶的裙子，褶形活泼自然；褶裥裙是指裙身有规律压褶的裙子，褶裙的特点是内空间大、便于活动、褶形变化丰富，能体现轻松优雅的造型风格（图2-5）。

图2-5　褶裙

2. **塔裙**

塔裙是指两层或多层裙片缝合的裙子，其外轮廓越向下，下摆展开越大，呈塔形。塔裙层次丰富、层层叠置，连绵的裙摆线条或规则、或随意，显得灵活，具有飘逸动态美，极具女性服装特色（图2-6）。

图2-6　塔裙

3. **波浪裙**

波浪裙是指从腰到髋部贴服身体，自臀围线以下，逐渐扩大摆围，使下摆舒展张开，形成波浪效果，一般是由一片、两片、四片、六片、八片及更多数量的裙片组成的裙装。波浪裙多为斜丝缕裁剪，裙摆宽裕，裙身线条流畅，动感显著，能较好地展现女性婀娜多姿的体态和柔美气质（图2-7）。

图2-7　波浪裙

◎课题培训

一、半身裙款式变化要领

以正装裙中的一步裙为例，对半身裙设计的装饰变化、分割变化，以及裙身局部变化的思路、方法、形式及效果进行展示。一步裙的设计可以从开衩、开襟、分割线、腰部、装饰等方面进行变化。

（一）开衩变化

一步裙的开衩有高低、数量、位置及开衩形式等变化。其裙身开衩的高低主要由裙子长短、穿着场合和流行趋势所决定；开衩数量可以根据活动量和开衩位置而定，也可以根据裙片分割的片数而定。开衩的位置也有多种变化，如后中或前中、裙身两侧、前身一侧的不对称开衩等。开衩形式有掩襟式和开气式两类，适用于正式场合的一步裙，其开衩多为掩襟式（图2-8）。

图2-8　一步裙开衩变化

（二）开襟变化

一步裙的开襟变化体现在开襟位置、长短和形式上。开襟的位置主要设置在前后中心线、裙身一侧或两侧上；开襟的长短可以是半开襟或通开襟，半开襟裙身的门襟下端缝死，而通开襟则一直向下延伸至裙腰；开襟的形式主要有明开襟、暗开襟，或直开襟、斜开襟、弧线开襟等（图2-9）。

图2-9 一步裙开襟变化

（三）分割线变化

一步裙的分割线变化主要体现在位置、方向和形状等的设计上。裙身分割线的位置主要在前后裙身、正中及两侧；分割线的方向有横向、纵向、斜向及纵横组合等；多种分割线的形状，可以设计为直线、曲线、折线等（图2-10）。

图2-10 一步裙分割线变化

（四）腰部变化

一步裙的腰部变化体现在腰头形状和腰省、腰褶的设计上。纵向腰省是应用最普遍的腰省形式，但通过腰省转移可将纵向腰省改变为斜向，甚至弧线腰省腰部褶的设计也可多种多样，如软褶、碎褶、压褶等，省和褶是消除臀腰差的常见形式之一（图2-11）。

图2-11 一步裙腰部变化

（五）装饰变化

一步裙可以运用一些装饰手法来加强变化，如在裙身侧缝线和分割线上设计插袋，在腰部以下和裙身后部设计挖袋；在开襟设计中对拉链和纽扣的样式进行处理；在开衩、开襟、分割线及下摆位置缉明线、饰边等（图2-12）。

图2-12 一步裙装饰变化

二、半身裙款式绘制

以图2-13所示的款式为例，其绘制的详细步骤如下。

图2-13 半身裙例图

（一）确定基础框架（图2-14）

（1）定腰宽 W，绘制一条水平线（W 不做具体尺寸设定，可根据需要自行设计）。

（2）画对称线，腰宽线的一半处画一条垂直线。

（3）定臀高线为 $0.5W$，由水平线向下画一条腰线的平行线。

（4）在步骤（3）中的平行线上画臀宽 $1.4W$，由对称线向两边平分。

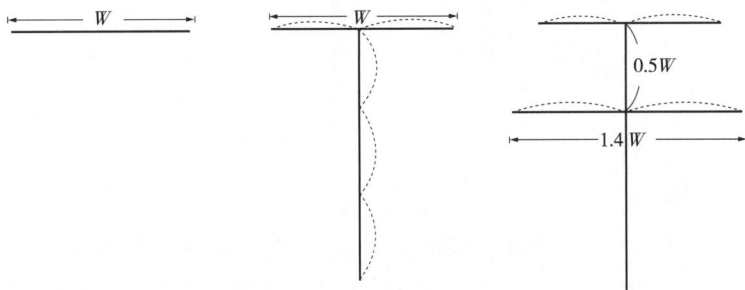

图2-14 半身裙基础框架

（二）正面图绘制（图2-15）

（1）确定裙长 $1.5W$。

（2）画裙外轮廓线，线条要顺滑圆润。

（3）画局部结构，如口袋、前侧开衩等。

（4）细节处理，如各部位的明线绘制。

图2-15 半身裙正面绘制步骤

（三）背面图绘制

绘制方法和步骤与前片相同，不同的只是后片局部细节的设计变化（图2-16）。

（四）调整整理

擦去辅助线，描重外轮廓线，注重线条的流畅与清晰。

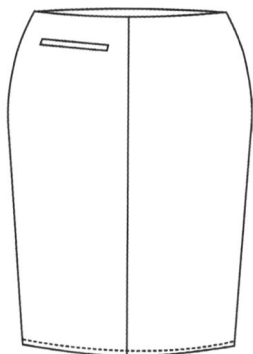

图2-16 半身裙背面绘制效果

★小贴士★

　　亲爱的设计师们，经过大家的共同努力，你们掌握半身裙的知识了吗？现在是发挥你们创作才能的时刻了，请各团队齐心协力完成各自的设计方案吧！

◎ 课题演练

运用所学知识，根据例图提供的半身裙进行款式图绘制（图2-17）。

具体要求：（1）款式绘制比例合理。

　　　　　（2）细节刻画清晰准确。

　　　　　（3）绘制线条流畅、粗细恰当。

图2-17 半身裙演练例图

评价用表

序号	具体指标	分值	自评	小组互评	教师评价	小计
1	款式图表现清晰，便于理解和交流，整体造型效果美观	2				
2	款式具备创新特色和流行时尚元素	2				
3	款式细节（腰头、褶裥、省道、裙摆等）表达明确	2				
4	系列款式风格统一	2				
5	款式绘制比例恰当，线条清晰流畅、粗细恰当	2				
合计		10				

◎ 课题拓展

以一个教学班为单位，模拟服装企业设计部，分成6个设计小组，每组4~6人。运用所学半身裙款式变化要领及绘制步骤，完成一步裙、西服裙、鱼尾裙、褶裥裙、塔裙、波浪裙各一个系列的设计，由每个设计小组分别承担。一个系列8款，要求画出正面、背面款式图，绘制在4开版面上。

款号	1	2	3	4
图样				
色彩小样				
款号	5	6	7	8
图样				
色彩小样				

任务二 连衣裙款式设计

◎任务描述

连衣裙具有轻便、凉爽、实用、美观、女性特征强、款式变化多等优点，是女性喜爱的款式之一。具有很强的适用性，适合多种环境和场合的需要。

某服装公司旗下都市女装品牌春夏产品开发项目启动了。设计部根据产品开发规划和产品开发任务拟定了新一季产品开发任务——连衣裙款式设计。作为设计团队的成员，需要根据设计点寻找设计灵感，并绘制不同风格的系列连衣裙。

◎知识目标

（1）了解连衣裙的品种分类。

（2）熟悉当前连衣裙的流行趋势（款式造型、色彩、图案、面辅料、工艺等），训练学生敏锐的捕捉能力与良好的创新能力。

◎技能目标

（1）能进行常见连衣裙装款式设计图的绘制与款式特征的表现。

（2）能够掌握连衣裙款式的变化要领与方法。

（3）能根据所学裙装款式设计要领具备独立开发设计连衣裙装系列能力。

◎素养目标

培养学生了解和把握时尚趋势，能评估和判断设计的合理性和可行性，以满足客户的需求。

◎思政目标

培养学生具备职业道德和社会责任感，能够以道德良知和职业操守对待自己的设计作品和行为。

◎课题知识

连衣裙基础知识

连衣裙又称"连衫裙""布拉吉"，基本样式为上衣与裙子相连的款式，如图2-18所示。

图2-18　连衣裙基本样式

是在各种款式造型中变幻莫测、种类最多、最受女性消费者青睐的款式。从设计的角度看，在上衣和裙体上可以变化的各种因素都可以组合构成连衣裙的样式。

在服装史上，自从有了服装的出现，连衣裙样式便成为女性甚至最初也是男性的基本服装样式。直到19世纪末20世纪初，女装才开始真正意义上的上下装分离，从男性服饰样式中引入了套装的式样，并逐渐发展成为当今我们普遍穿着的各种服装品种（图2-19）。

图2-19　系列连衣裙款式

连衣裙造型灵活多变，穿着实用方便，具有轻便、凉爽、实用、美观、款式变化丰富等特点，是很多女性日常穿着的款式，它随季节与流行趋势的变化而不断变化，连衣裙具有很强的易穿性，适合各种场合穿着，既可作为家居服在家里穿着，也可作为旅行服装外出时穿着，还可作为礼服在工作或社交场所穿着。穿着连衣裙的女性，在年龄上也没有限制，从儿童到老年，各种年龄的女性都可以穿着。

连衣裙按照连接方式可分为接腰型和连腰型两大类。接腰型连衣裙包括低腰型、高腰型和标准型三类（图2-20）。连腰型连衣裙包括衬衫型、紧身型、公主线型和茧型等（图2-21）。

图2-20　低腰型、高腰型、标准型连衣裙

图2-21　衬衫型、紧身型、公主线型和茧型连衣裙

　　还可以按照功能将连衣裙分为：休闲类连衣裙、职业装类连衣裙、晚礼服类连衣裙、个性牛仔类连衣裙等。

　　休闲连衣裙造型随意，分为时装休闲型（图2-22）和民俗休闲型连衣裙（图2-23），时装休闲型连衣裙创意性强，可满足女性在休闲娱乐时穿着，是现代时尚女装的主流款式，可以和其他衣服组成套装；民俗休闲型连衣裙有着博大的素材库，能很好地发挥设计灵感，从中体会原创设计的魅力，而且不同民族、不同风俗，两者之间有一部分可相互转化。

图2-22　时装休闲型连衣裙

图2-23　民俗休闲型连衣裙

　　职业装类连衣裙可满足职业女性在正式场合的穿着需求，既不失女性妩媚的一面，又能恰当地展示职业女性的优点（图2-24）。

图2-24　职业装类连衣裙

　　晚礼服连衣裙可分为中式和西式晚礼服连衣裙（图2-25、图2-26），各自的历史积淀不同，所表现的风采和性格也不同，比如，中式晚礼服旗袍以其独特气质、精良裁剪和绲边镶嵌工艺，堪称连衣裙中的精品。

图2-25　西式晚礼服连衣裙

图2-26　中式晚礼服连衣裙

　　个性牛仔类连衣裙可分为前卫式和经典类牛仔连衣裙，深受青年女性喜爱，牛仔类连衣裙登上时尚舞台后，总是以它固有的魅力吸引着"弄潮儿"的垂青，由于其款式多变，加上洗水效果，令其表现力丰富多变，在当今时尚女装中个性牛仔连衣裙已占有很重要的地位（图2-27）。

图2-27　个性牛仔类连衣裙

◎ 课题培训

一、连衣裙设计要点

（一）造型与结构设计

1.标准型连衣裙设计

标准型连衣裙是指上衣和下裙的连接部位恰好在人体腰部，以人体为基础的造型，标准型连衣裙的造型柔和、简洁，适合各层次的女性穿着，但有时会略显单调。在基本型的造型上，采用省道转移和结构线的变化，进行连衣裙的造型结构变化设计，会产生新的造型，例如，公主线的变化，各种直、斜、弧形结构线的变化、育克的变化，以及领口弧线的变化等（图2-28）。

图2-28　标准型连衣裙及标准型连衣裙变化

2.腰线变化的设计

根据腰线位置的高低，连衣裙可分为高腰线、中腰线、低腰线及无腰线四种形式。

（1）高腰设计，是将腰线位置设定在腰围线附近，提高腰节线，裙装的视觉中心在胸围与腰围处，提上了视觉中心点，从而拉伸了人体比例。采用高腰设计的裙装比较活泼，具有轻盈之感，善于表现女性高雅、文静的个性美。大多数形状是收腰、宽摆（图2-29）。

图2-29　连衣裙高腰设计

（2）中腰设计，是标准腰位设计，腰围线处使用明缉线将上下装分开，上衣部分合体，下装部分则可以做多种变化。中腰式应用最为广泛，常作为女士的日常生活服（图2-30）。

图2-30　连衣裙中腰设计

（3）低腰设计，是将裙装的腰围线下移到臀围线附近，可以展现或者掩饰臀部，多为喇叭形或抽褶形、打褶形，下摆较大。低腰设计的下裙若采用不同造型，也能产生丰富多彩的效果，给人以天真、活泼的感觉（图2-31）。

图2-31　连衣裙低腰设计

（4）无腰线设计，是在裙装中不采用腰线明缉线，使裙装直接由上而下呈现宽松或紧身状态的一种形式，现在很多品牌的裙装经常采用无腰线设计（图2-32）。

连衣裙的设计除了造型结构，如领口弧线、腰围线位置上进行变化外，还可以用不同面料的组合及对比进行连衣裙的设计，如纱质面料与挺括面料的组合，轻薄透视型面料与厚实面料的对比组合等。

图2-32　连衣裙无腰线设计

（二）连衣裙装饰设计

不同的装饰能影响连衣裙的整体风格，装饰设计须视具体风格而定。甜美淑女风格的连衣裙，可装饰蕾丝、钉珠、花边等；中性风格的连衣裙，可以添加肩襻，以不同造型的分割线作为装饰，尽量减少花边等装饰；民族风格的连衣裙，可以添加一些民族图案；机车风格的连衣裙，则可以采用铆钉、金属感强烈的装饰等（图2-33、图2-34）。

总之，装饰设计应突出重点，体现风格，适当装饰，装饰过分或装饰不当都会产生累赘、烦琐、与服装不协调之感。

图2-33　甜美风格连衣裙

图2-34　中性风格连衣裙

（三）面料选用

连衣裙的面料一般是根据款式、穿着场合、穿着对象进行选择。不同的面料带给消费者不同的穿着舒适度。休闲类连衣裙可采用棉、麻等面料制作，透气舒适；礼服类连衣裙可采用丝绸、仿真丝类面料制作，华丽优雅；春夏季连衣裙可采用丝绸、雪纺、丝光棉等面料制作，轻薄凉爽，适宜春夏季的气候；而秋冬季的连衣裙则可采用丝绒、毛料等制作，保暖厚实。此外根据面料的性能来设计连衣裙也是一种不错的设计方法，这需要视面料的质感、色彩、悬垂性而有针对性地设计（图2-35）。

（a）透视型面料与厚 　　（b）镂空面料与挺括面料的组合 　　（c）纱质面料与挺括面料的组合
　实面料的组合

（d）多色彩皱褶丝绸面料的运用　　　　（e）不同肌理面料的运用　　　　（f）纱质面料的运用

图2-35　不同面料肌理效果连衣裙

二、连衣裙款式绘制

以图2-36所示的款式为例，其绘制的详细步骤如下。

图2-36　连衣裙例图

（一）确定基础框架（图2-37）

（1）以人体肩宽为参照，根据图的需要定肩宽线为S（S不做具体设定，可根据需要自行设计），即定一条水平线。

（2）以肩宽线的中点画中心对称轴（水平线中间画垂直线）。

（3）从肩宽线依次向下量肩端点线（根据具体款式灵活设定长度且平行于肩宽线）、从肩宽线向下量0.5S长定胸围线（平行于肩宽线），从肩宽线向下量1个S长定腰围线（平行于肩宽线）、臀围线、裙长线（根据款式来定）。

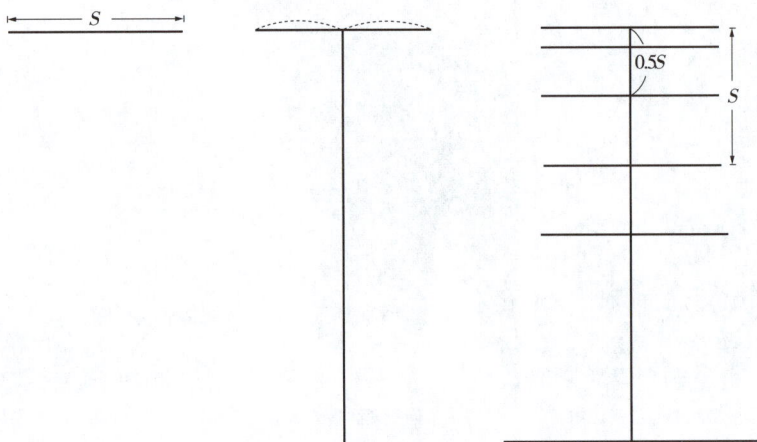

图2-37　连衣裙基础框架

（二）正面图绘制（图2-38）

（1）定裙长线。

（2）画裙外轮廓线，线条要顺滑圆润。

（3）画局部结构，如衣领、分割线、腰带、裙子褶皱等。

（4）细节处理，如商标、裙子衣纹以不同粗细的线绘制。

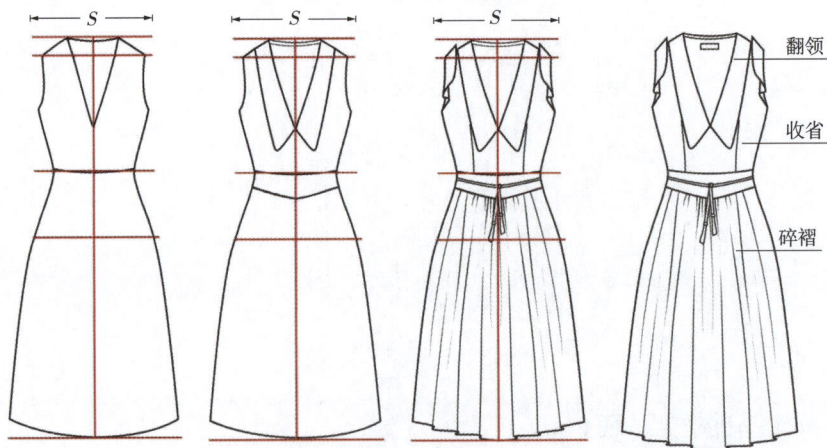

图2-38　连衣裙正面绘制步骤

（三）背面图绘制

绘制方法和步骤与正面相同，不同的只是背面局部细节的设计变化（图2-39）。

（四）调整整理

擦去辅助线，描重外轮廓线，注重线条的流畅与清晰。

腰带

图2-39 连衣裙背面绘制效果

★小贴士★

　　亲爱的设计师们，经过大家的共同努力，你们对连衣裙的知识掌握了吗？现在是发挥你们创作才能的时刻了，请各团队齐心协力完成各自的设计方案吧！

◎课题演练

　　运用所学知识，根据例图提供的裙款进行款式图绘制（图2-40）。

　　具体要求：（1）款式绘制比例合理。

　　　　　　　（2）细节刻画清晰准确。

　　　　　　　（3）绘制线条流畅、粗细恰当。

图2-40 连衣裙演练例图

评价用表

序号	具体指标	分值	自评	小组互评	教师评价	小计
1	款式图表现清晰，便于理解和交流，整体造型效果美观	2				
2	款式具备创新特色和流行时尚元素	2				
3	款式细节（分割线、褶裥、省道、腰线、裙摆等）表达明确	2				
4	系列款式风格统一	2				
5	款式绘制比例恰当，线条清晰流畅、粗细恰当	2				
合计		10				

◎ 课题拓展

以一个教学班为单位，模拟服装企业设计部，分成6个设计小组，每组4~6人。运用所学连衣裙腰线变化的设计要领，完成高腰、中腰、低腰、无腰线各一个系列的设计，由每个设计小组分别承担。一个系列8款，要求画出正面、背面款式图，绘制在4开版面上。

款号	1	2	3	4
图样				
色彩小样				
款号	5	6	7	8
图样				
色彩小样				

◎ 课外知识拓展

裙子古称下裳，男女同用。我国裙子的历史源远流长。传说黄帝"垂衣裳而天下治"，为穿裙之始。东周时期，深衣居多，可看作连衣裙的雏形。两汉以来，穿裙渐多。东汉末年撰写的《释名·释衣服》上说："裙，群也，连接群幅也。"西汉时流行一种折叠成许多褶纹的"留仙裙"。晋代时兴绛红纱复裙、丹碧纱纹双裙等。唐朝时一般穿红色裙子，白居易有"血色罗裙翻酒污"（《琵琶行》）之句。元朝后期，流行素淡色的裙子。明代又流行百褶长裙，以红色为主。清代的裙子，名目繁多，如曹雪芹《红楼梦》提到有大红灰鼠皮裙、葱黄绫子棉裙、翡翠撒花洋皱裙等。现代裙子的式样款式更为繁多。

在西方服装史上，早期男女也都穿裙或长袍。在近代西方服饰文化中，裙子也一直是女性衣橱中的专属服装。但是裙子的下摆高度却是一面镜子，反映了当时的社会面貌。20世纪前期，有地位的女性，她们的裙装下摆已经提升到了脚踝以上。20世纪10年代，紧腿裙风靡一时。第一次世界大战以后，女性的裙摆也再一次得到提高。20世纪20年代开始，女性的裙摆再也不受限制了，裙摆的高度开始大幅度提高。20世纪30—50年代，设计师可以随意设计裙摆的高度，当然它还是会受到社会经济的影响。到了20世纪60年代，超短裙达到了裙摆高度的极限。英国先锋派时装设计师玛丽·奎恩特（Mary Quant）把裙子的高度提到极限，造成轰动一时的"迷你风貌"。

到今天，设计师们不会再按照固定的模式引导潮流，女性们的生活方式越来越休闲，裙摆的高度已经不受限制，正像19世纪法国高级时装设计师加布里埃·香奈儿（Gabrielle Chanel）所说的"时尚会变，风格永存"。连衣裙被时尚大师们赋予了各种各样的语言。它因其特有的一件式款式，既方便穿着，又可以更好地修饰身材。它可以简洁大方，也可以奢华繁复，千变万化的造型使其一直是各种年龄段、各种穿衣风格女性不可或缺的单品。现在的设计中，连衣裙的面料使用更加丰富，针织和毛皮的加入使连衣裙跨越了春夏的领域，也成为秋冬季最好的选择。

项目三
裤装款式设计

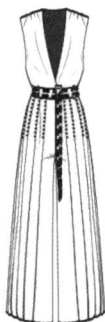

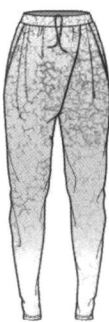

学习内容：任务一　正装裤款式设计

　　　　　任务二　休闲裤款式设计

　　　　　任务三　连体裤款式设计

内容提要：本项目是设计基础模块的具体应用。共包含三个任务，目标是了解女式裤装款式的分
　　　　　类、明确女式裤装各类款式设计要领，熟练掌握手绘女式裤装款式图的绘制技巧，能
　　　　　运用女式裤装设计要领准确绘制出各类女式裤装平面款式图及款式拓展设计。

亭亭玉立——裤子款式设计

项目重点

- 了解裤子的款式及分类方式
- 掌握裤子款式变化要领
- 掌握裤子款式的绘制步骤及方法
- 能根据设计要点手绘各类裤子款式图

内容导读

裤装泛指在腰部以下覆盖双腿且有裤腰、裤裆、裤腿等结构的服装。2014年，在中国新疆吐鲁番洋海古墓内中德两国考古专家发现的两条裤子是迄今为止发现的历史最为悠久的裤子，至于它是不是世界最早的裤子还有待考证，不过至今也没有别的国家考古出比这条裤子历史更久远的裤子。据科学家推断，裤子残片距今3000~3300年。裤裆处还有特别的纹路装饰，十分时髦美观，已符合现代裤子造型。

古时裤子最大的作用便是御寒，但并没有真正意义上的将裤子外穿。除了因为技术限制使裤子无法达到今天的美观程度之外，其主要原因还是古人对"衣裳"所赋予的意义已经超过了服装本身的作用。作为正衣冠、服礼仪的华夏子民，时时刻刻恪守"礼"的教义。而"裳"或者下裙的存在便是为了规范人们在日常生活中的行为。所以，古人并不是不穿裤子，只是将裤子穿在了看不见的地方。

我们的衣柜里肯定不止一条裤子，有夏天穿的短裤、春秋穿的长裤、冬天穿的棉裤，还有修饰腿型的阔腿裤、显瘦的紧身裤、潮流的破洞裤等。裤子根据材质、裤型、用途、长度、腰型和受众群体的不同，有多种分类（图3-1）。

图3-1　裤型变化

任务一　正装裤款式设计

◎ 任务描述

某女装品牌开始新一季设计开发，公司设计室决定安排设计攻关小组，根据产品开发规划和产品开发任务，制订新季度正装裤的款式设计方案，并设计绘制其款式图。请各设计小组齐心协力，结合本任务的要求，融合当前的流行元素，在尽可能短的时间内准确、严谨地完成设计方案。

◎ 知识目标

（1）了解正装裤的分类。

（2）熟悉当前正装裤的流行趋势（款式造型、色彩、工艺等），训练学生敏锐的捕捉能力与良好的创新能力。

（3）掌握手绘正装裤款式图的款式特点与注意事项。

◎ 技能目标

（1）能进行正装裤款式设计图的绘制与款式特征的表现。

（2）能够掌握正装裤款式的造型变化要领与方法。

（3）能根据所学正装裤款式设计要领独立设计正装裤单品系列。

◎ 素养目标

引导学生逐步形成团队合作意识、创新意识及综合职业素养。

◎ 思政目标

鼓励学生感受美好事物的内涵，提升学生对"国潮"和"东方设计"的关注度，让学生在学习专业设计理念的同时了解中国的历史、文化及国情。

◎ 课题知识

正装裤基础知识

对于裤子，其穿着场合是很有讲究的，按穿着场合可分休闲裤和正装裤。正装裤的特点：

可以多种搭配，适合正式场合穿着、款式多样。本单元着重讲解正装裤里的普通西装裤、直筒裤、烟管裤（图3-2）。

图3-2　正装裤

（一）普通西装裤

西裤主要与西装上衣配套穿着，裤管有侧缝，穿着分前后。由于西裤主要在办公室及社交场合穿着，所以在要求舒适、自然的前提下，在造型上会比较注意与形体的协调。

一般西裤的裤腿接近直筒型，并有明显的裤线，裤脚盖过脚面2~3cm为宜（以免在走动时露出袜子的颜色）。腰围、臀围、腿围比小直筒稍宽，裤型与直筒大致相同。特别注意长裤胯下部分穿起来要平顺，这是长裤合身的重点，也是缝制技术是否精良的关键，不好的裤裆会让长裤穿起来有下垂、隆起、不合身的现象。与休闲裤的区分是裤腿边的缝制方法不同，休闲裤的裤缝是用双线缝制的，双线外露，而西裤一般是单线缝纫，并且线色一般选和布料一样的颜色，外露的缝线不明显（图3-3）。

图3-3　西裤

（二）直筒裤

直筒裤又称"筒裤"。脚口较大（与中裆相同），裤脚口与膝盖处一样宽，裤管挺直，有整齐、稳重之感。在裁剪制作时，臀围可略紧，中裆应略微上提，这样更能体现裤管的宽松挺直的特点，裤脚口一般不翻卷。直筒裤比起阔腿裤更加挑身材，直筒裤介于紧身裤与阔腿裤之间。裤脚边到膝盖处的裤管宽度是一样的笔直线条。只要是这样笔直裤管设计的都可以统称为直筒裤（图3-4）。

直筒裤可以遮盖X型腿、O型腿、罗圈腿等腿型问题，所以基本大部分腿型都适穿。最主要还是看直筒裤的面料和自己身材的贴合程度。直筒裤是所有裤型中最常见的一种，它不像紧身牛仔裤那样贴合皮肤，也不像阔腿裤那样宽松，是属于比较实用、方便的裤型，对各种身材都比较友好。直筒的裤脚和整体宽度都比阔腿裤小，而阔腿裤太宽，有时候会放大身材问题。一般现在的直筒裤都是九分直筒裤，这个长度和板型会显得更干净利落。

图3-4　直筒裤

（三）铅笔裤

20世纪初西方贵族非常重视服装的仪式感，会根据出席场合穿戴不同类型的服装，像男士们在吸烟室内，就会特地脱下正装换上更轻便的服装与朋友聊天，故而出现了所谓的"吸烟装"。而随着女性思想的解放，女性的服饰也日益发生了变革，法国著名设计师伊夫·圣·洛朗（Yves Sanit Laurent）将吸烟装中的经典元素运用到女性服装里，从而设计出了带有中性风格的女士吸烟装。

铅笔裤也常被称为烟管裤（Drainpipe Jeans）、吸烟裤（Cigarette Pants），指有着纤细的裤管的裤子，也有窄管裤之称。这种裤型的特点是剪裁超低腰，可以对臀、腿部塑型，让臀部紧贴、腿线纤长。看上去像烟一样细直，裤型介于直筒裤和小脚裤之间，剪裁合身，裤管又留有余地，裤型与臀部紧贴，显得腿线纤长。和裤管肥大的阔腿裤相比，烟管裤则显得更加利索和干练。

它的精致感和大方感也是其他裤子没有的，应对正式场合也不易出错。因裤装一贯在女装中的地位不如上装受重视，因此被很多大牌设计师忽略，反而渐渐被街头时尚和平价品牌所宠爱。又因为烟管裤多设计为牛仔裤，所以基本上提到烟管裤都被认为是烟管牛仔裤（Skinny Jeans）。由此可知，烟管裤从适合办公室的裤装转变而来，除了西装面料外，也会用棉质、牛仔布这样比较休闲的面料（图3-5）。

图3-5　铅笔裤

◎课题培训

一、正装裤款式变化要领

以直筒裤和烟管裤为例，对正装裤设计的装饰变化、分割变化及局部变化的思路、方法、形式及效果进行展示。正装裤的设计可以从裤子的造型、裤腰的形态、分割线及装饰、色彩及面料几个方面进行设计变化。

（一）裤子的造型

正装裤的款式大多是比较宽松的直筒裤，裤裆也比较宽松，臀部剪裁一般不收臀，裤长偏长，很多款式带有竖褶，裤子的后口袋大多设计有纽扣，有一些还设计成翻盖后袋。从流行的角度来看，正装裤的板型不会有太大的变化。烟管裤和直筒裤是不一样的，两者之间最大的不同之处在于——烟管裤裤脚比直筒裤裤脚小，直筒裤上下裤脚差不多宽。此外，烟管裤呈锥形设计，板型会比直筒裤好看一些。是否穿着裤脚有翻褶的款式，取决于身高与裤腿的高度。属于高瘦体型者，更适合穿着有翻褶的裤脚款式（图3-6、图3-7）。

图3-6　正装裤造型

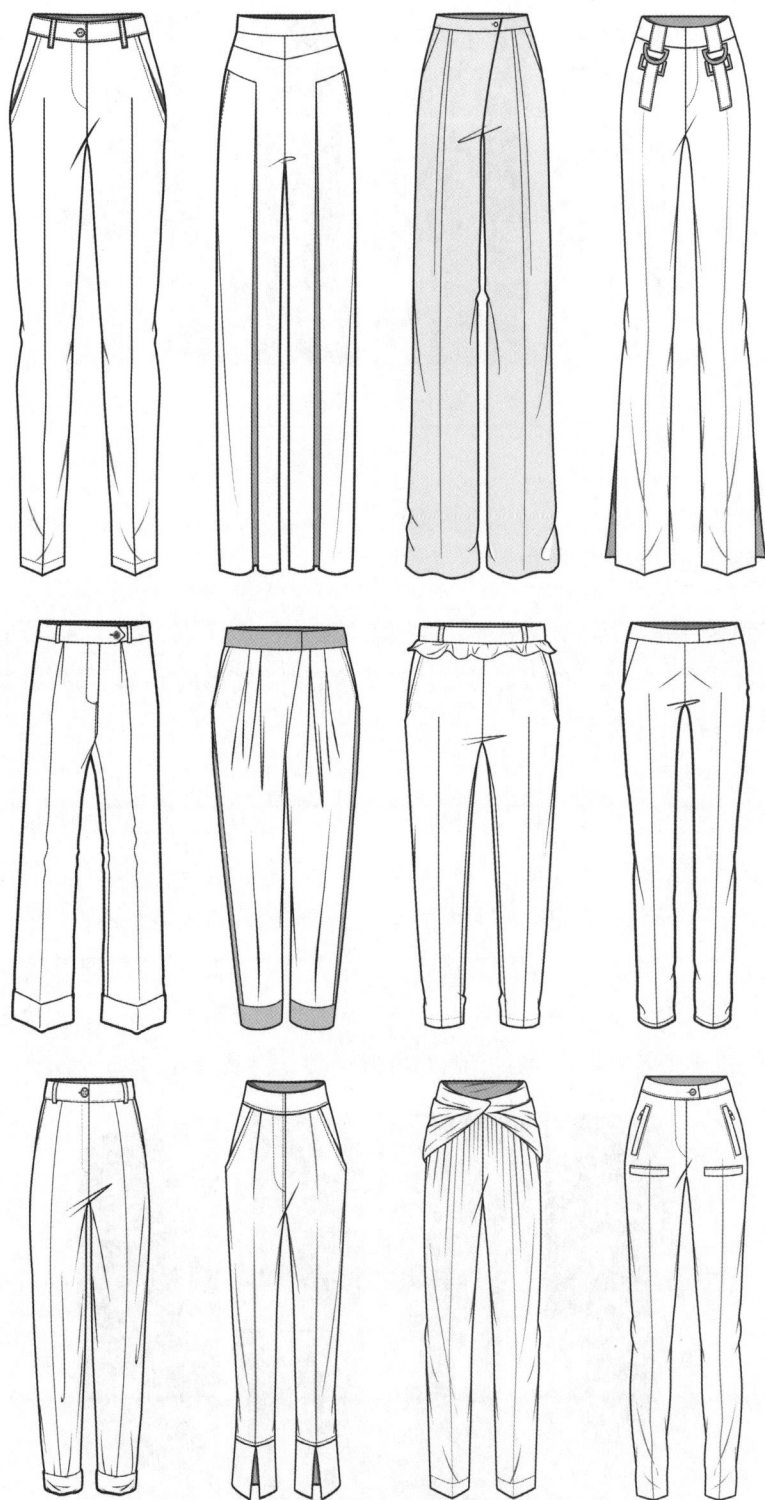

图3-7 直筒裤、烟管裤造型变化

（二）裤腰的形态

由于裤腰处在裤子的最上端，因而其形态及造型就显得格外重要。正装裤腰收紧的方式以扣襻收紧为主，松紧带收紧、抽带收紧、腰带收紧等方式不太常见。裤腰上的裤襻形态有宽襻、窄襻、单襻、双襻、交叉襻、上宽下窄襻等。按裤装腰围线高低分有低腰裤、中腰裤、高腰裤和无腰裤。直筒裤与烟管裤在臀围以上变化基本相同，故此只展示直筒裤腰头（图3-8）。

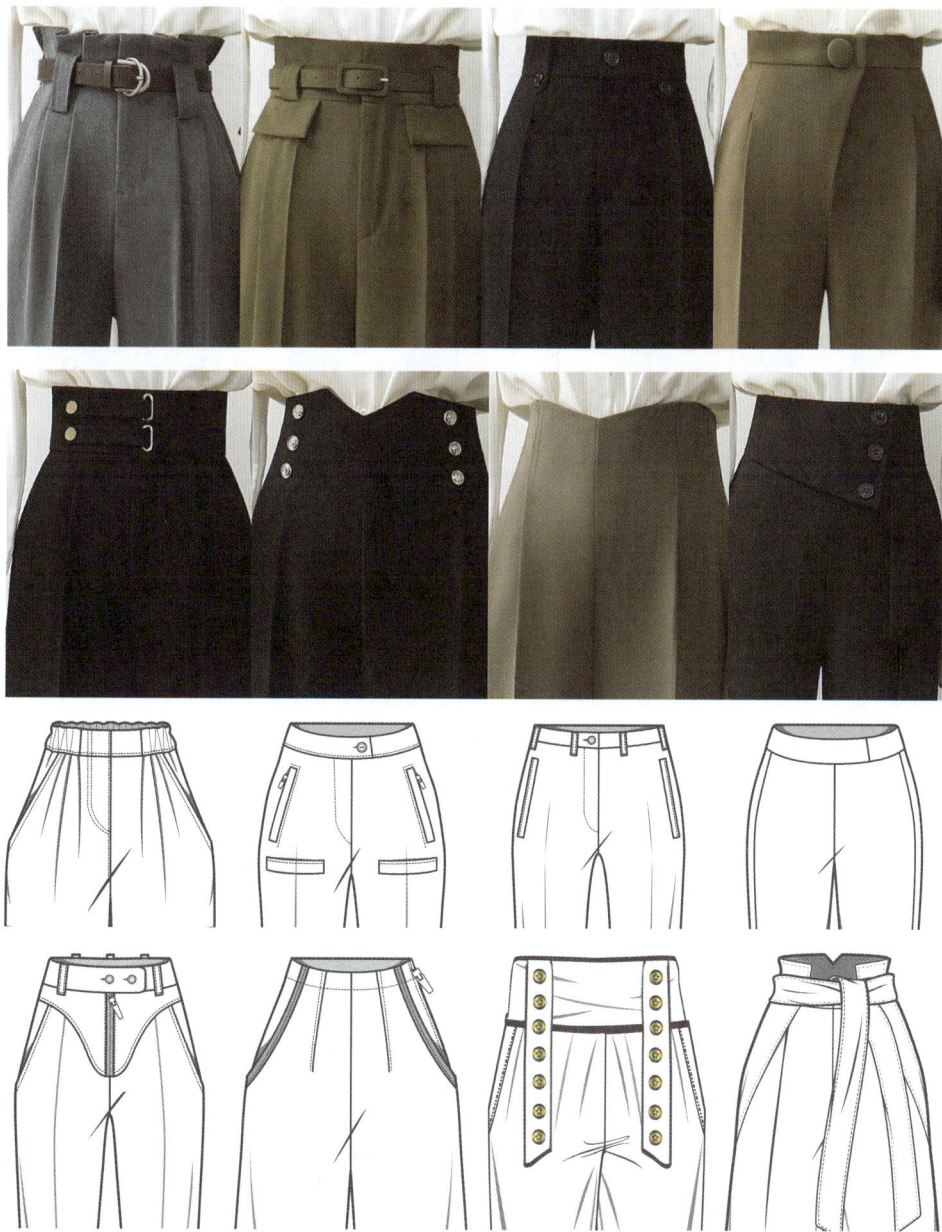

图3-8　直筒裤腰形态变化

（三）分割线及装饰

总的说来，较为正统的裤子款式分割线和装饰都很少，趋于休闲的裤子款式分割线和装饰都很多。也很少使用缉明线、加拉链、钉铁钉、牵条、拼色、抽带、穿带、明贴立体袋等装饰。直筒裤裤脚有时候会使用开衩来装饰，烟管裤则较少使用。牛仔面料的直筒裤设计时可用少量的蕾丝等装饰（图3-9）。

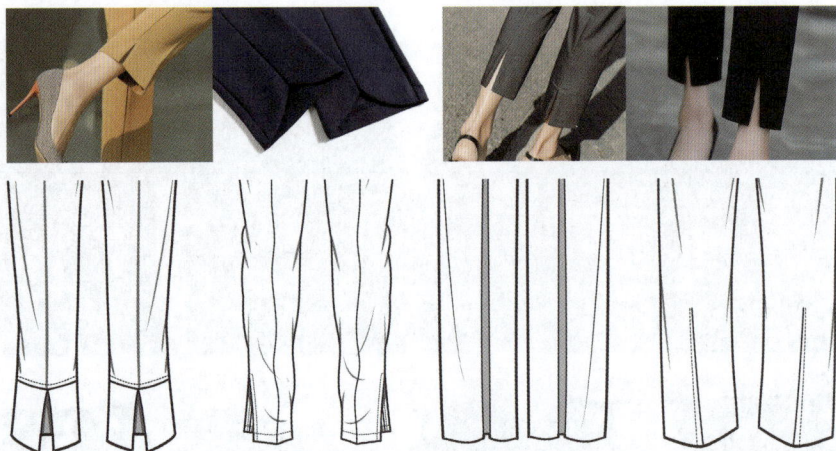

图3-9　直筒裤分割线及装饰变化

（四）色彩及面料

正装裤的色彩基本以素色的面料为主，也会使用条纹、方格面料。常用的色彩是一些偏于沉稳或明快、素雅的颜色。常用的面料有毛涤混纺、涤棉混纺、化纤混纺、纯棉精纺、灯芯绒、水洗布、牛仔布、华达呢、毛哔叽、啥味呢、板司呢、凉爽呢、花呢等。正装裤里的普通西裤面料必须和西装一致，这样看起来才不会格格不入。烟管裤颜色则更丰富，绉绸、针织布料等都是烟管裤可选面料（图3-10）。

图3-10 烟管裤色彩及面料变化

二、直筒裤款式绘制

以图3-11所示的款式为例，其绘制的详细步骤如下。

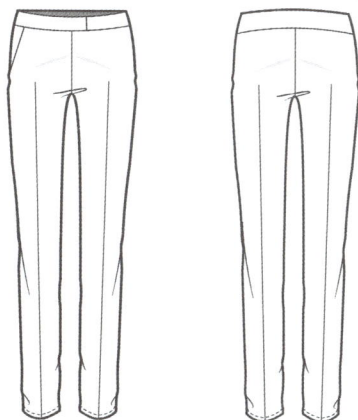

图3-11 直筒裤例图

（一）确定基础框架（图3-12）

（1）定腰宽W，绘制一条水平线。

（2）画对称线，腰宽线的一半处画一条垂直线。

（3）定臀高线W，由水平线向下画一条腰线的平行线。

（4）在步骤（3）中的平行线上画臀宽1.4W，由对称线向两边平分。

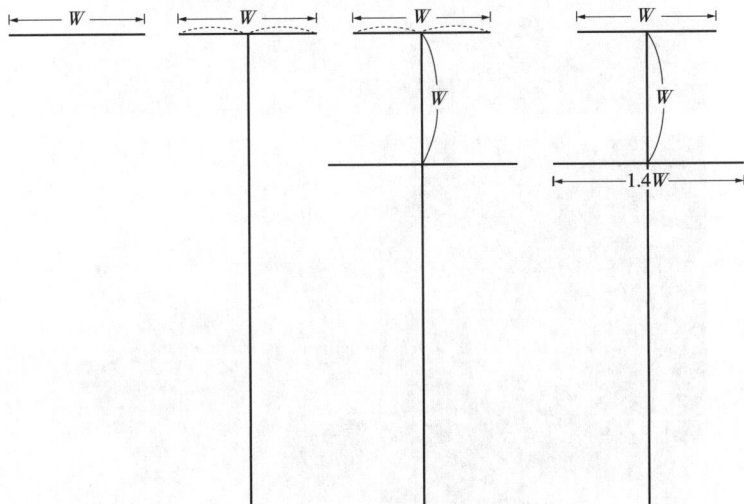

图3-12　直筒裤基础框架

（二）正面图绘制（图3-13）

（1）确定裤长。

（2）画裤子外轮廓线，线条要顺滑圆润。

（3）画局部结构，如搭门等。

（4）处理腰头细节，如纽扣等，完成各部位明线绘制。

（5）擦去辅助线，调整外轮廓线，注重线条的流畅与清晰。

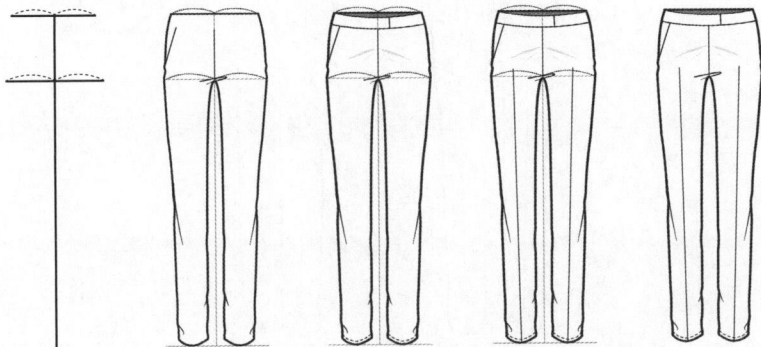

图3-13　直筒裤正面绘制步骤

（三）背面图绘制

背面绘制方法和步骤与前片相同，不同的只是背面局部细节的设计变化。

（四）调整整理

擦去辅助线，加深外轮廓线，注重线条的流畅与清晰（图3-14）。

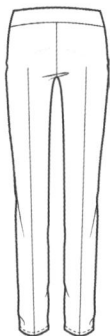

图3-14 直筒裤背面绘制效果

★小贴士★

亲爱的设计师们，经过大家的共同努力，你们掌握正装裤的知识了吗？现在是发挥你们创作才能的时刻了，请各团队齐心协力完成各自的设计方案吧！

◎课题演练

运用所学知识，根据例图提供的直筒裤进行款式图绘制（图3-15）。

具体要求：（1）款式绘制比例合理。

（2）细节刻画清晰准确。

（3）绘制线条流畅、粗细恰当。

图3-15 直筒裤演练例图

评价用表

序号	具体指标	分值	自评	小组互评	教师评价	小计
1	款式图表现清晰，便于理解和交流，整体造型效果美观	2				
2	款式具备创新特色和流行时尚元素	2				
3	款式细节（腰头、褶裥、省道、裤长等）表达明确	2				
4	系列款式风格统一	2				
5	款式绘制比例恰当，线条清晰流畅、粗细恰当	2				
合计		10				

◎ 课题拓展

以一个教学班为单位模拟服装企业设计部，分成 6 个设计小组，每组 4~6 人。运用所学裤子款式变化要领及绘制步骤，完成短裤、五分裤、喇叭裤、背带裤各一个系列的设计，由每个设计小组分别承担。一个系列 8 款，要求画出正面、背面款式图，绘制在 4 开版面上。

款号	1	2	3	4
图样				
色彩小样				
款号	5	6	7	8
图样				
色彩小样				

◎ **课外知识拓展**

你知道吗？

百慕大短裤（图3-16）是Bermuda Shorts直译过来的，也可以称作Walk Shorts或Dress Shorts，指的是长度到膝上2~3cm，可以完美修饰大腿上的赘肉的短裤。它的名字来源于炎热的百慕大，据说当地的居民忍受不了长裤的束缚，于是纷纷把长裤裤管剪掉只留下膝盖以上的部分。"二战"以后，有位裁缝路经百慕大，发现了这种装束，觉得很新鲜，于是将它取名为"百慕大短裤"带到欧洲，沿用至今。

图3-16　百慕大短裤

设计注意：真正的百慕大短裤长度有严格规定，不要与延伸到膝盖以下的卡普里裤（Capri Pants）或者多个口袋的工装短裤（Cargo Shorts）混淆。它和普通短裤相比裤管设计比较宽松，休闲感更强。

任务二　休闲裤款式设计

◎ **任务描述**

某女装品牌开始新一季设计开发，公司设计室决定安排设计攻关小组，根据产品开发规划和产品开发任务，进行新季度休闲裤的款式设计方案，并设计绘制款式图。请各设计小组齐心协力，结合本任务的要求，融合当前的流行元素，在尽可能短的时间内准确、严谨地完成设计方案。

◎ 知识目标

（1）了解休闲裤子的分类。

（2）熟悉当前休闲裤的流行趋势（款式造型、色彩、图案、面辅料、工艺等），训练学生敏锐的捕捉能力与良好的创新能力。

（3）掌握手绘休闲裤款式图的款式特点与注意事项。

◎ 技能目标

（1）能进行休闲裤款式设计图的绘制与款式特征的表现。

（2）能够掌握休闲裤款式的长度变化要领与方法。

（3）能根据所学休闲裤款式设计要领独立设计休闲裤装单品系列。

◎ 素养目标

提高学生不断学习新知识、新技术、新材料的能力，对行业持续关注，了解市场动态。

◎ 思政目标

启发学生对传统文化的认同和尊重，培养学生的审美能力和文化素养。

◎ 课题知识

休闲裤的基础知识

随着社会的发展，裤子的面料和款式越来越多样化。在连温饱都成问题的古代，华夏劳动人民依旧通过坚持不懈的努力，用他们的智慧进行不断完善，才有了我们现在的服饰文明。休闲裤是与正装裤相对而言，穿起来显得比较休闲随意的裤装类型。广义的休闲裤，包含一切非正式商务、公务场合穿着的裤子。生活中主要是指以西裤为模板，在面料、板型等方面较西裤随意和舒适，颜色则更加丰富多彩。制作工艺也和西裤不同，休闲裤的裤缝可以设计为双线且可外露的，牛仔裤侧缝基本都是这样的设计。潮流中流露出中国传统的典雅之美（图3-17）。

图3-17　休闲裤

（一）牛仔裤

牛仔裤原是美国西部早期垦拓者穿着的工装裤，后逐步成为人们日常穿用的便裤。牛仔裤一般采用牛仔布等靛蓝色水磨面料，具有耐磨、耐脏等特点，穿在身上时尚且舒适，深受年轻人的喜爱。

1.牛仔热裤（超短裤）与三分长的短裤

热裤（Hot Pants）最早源于美国人对一种紧身、长度到大腿根的超短裤的叫法，是火辣性感的意思，能衬托出女性玲珑的曲线。炎热夏季，热裤成为女孩时髦又凉爽的选择。无论是世界名牌的成衣发布会，还是街头时尚达人的日常穿着，都有热裤的身影。热裤不一定是紧身的，但年轻人穿热裤比较多的是紧身牛仔。穿上的感觉就是只能包住臀部看不出有裤腿，平铺看裤腿也就有2cm左右（图3-18）。

设计注意：有些热裤过于短没一点裤腿，很容易走光也谈不上美，在设计时要掌握好尺度。

图3-18　牛仔热裤

三分裤是指长度30cm左右，到大腿中部的短裤。以前并不被大众所喜爱，因为穿短裤要么长一点，要么短一点。随着时尚潮流的发展，牛仔三分裤因能很好地遮住大腿比较粗壮的部分又能很好地防走光而被人们所喜欢（图3-19）。

设计注意：长度一般控制在28～40cm，选择高腰的设计，不仅能突显腿长，也能将腰部线条衬托得更美。

图3-19　牛仔三分裤

2. 牛仔五分裤

五分裤是指长度只有长裤的一半，裤长一般不过膝盖的女士裤装，短裤是许多女生的最爱，但是不如五分裤对腿型的修饰效果好。

设计注意：牛仔五分裤裤腿宽度不可过紧，但要相对收窄，从上到下宽度一致的大裤头没有足够身高支撑会惨不忍睹。不要选择与上身衣服一个色系，否则三明治的穿搭效果会很尴尬，纯色款可以通过卷裤边来解决单调的问题（图3-20）。

图3-20　牛仔五分裤

3.牛仔七分裤

七分裤又常称为卡普里裤，是指裤长七分，长及膝下小腿的裤子，包七分露三分，有一定的神秘感，能展现个人的美感。牛仔七分裤既不会像长裤那么死板，又不会像短裤那样过于活泼（图3-21）。

图3-21　牛仔七分裤

4. 牛仔九分裤与长裤

九分裤是指裤子的长度按照人正常裤子长度的十分之九做出来的裤子，裤子穿在身上一般到脚踝，再长一点就是长裤（图3-22、图3-23）。

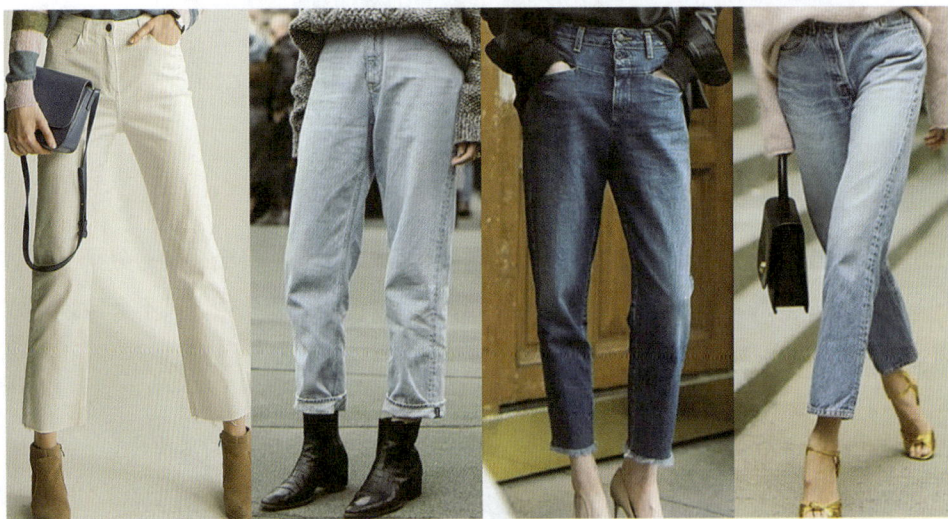

图3-22　牛仔九分裤

图3-23　牛仔长裤

设计注意：牛仔长裤的口袋位于侧边，才不会让臀部看起来有扩大的感觉。牛仔裤的长度要刚好到鞋跟的上方，这样才能露出鞋子，并且可拉长身材比例。

（二）时尚休闲裤

时尚休闲裤是指前卫休闲、较注重外观装饰性、款式新颖而富有时代感的裤子。时间性强，每隔一定时期流行一种款式。采用新的面料、辅料和工艺，对织物的结构、质地、色彩、花型等要求也较高，讲究装饰、配套。在款式、造型、色彩、纹样、缀饰等方面不断变化创新、标新立异（图3-24）。

图3-24　时尚休闲裤

1. 萝卜裤

萝卜裤有点像萝卜的感觉，裤管由大腿到小腿一直收窄，但并不紧身。如同萝卜是锥形的一样，萝卜裤也被称作锥形裤，是裤管在往下走的过程中渐趋收紧的裤型，裤脚尺寸一般与鞋口尺寸差不多（图3-25）。

图3-25

图3-25　萝卜裤

2. 阔腿裤

阔腿裤拥有宽松的轮廓，从大腿处至裤脚上下一样的宽度，不贴身，能修饰不完美腿型。造型与纯正的喇叭裤有一定的相似性。20世纪三四十年代，阔腿裤因为帮助女性们从束腹的裙装中解放出来而备受青睐。在中国开始流行始于20世纪80年代，只不过那时候的阔腿裤大多采用轻飘飘的的确良或纱的质地，一般都是高腰。阔腿裤只是臀围最宽处以下很肥，但腰腹和臀的剪裁非常贴身，所以扁身材穿着更有优势。不出错的低腰裤、高腰裤尤其对臀部挑剔，如果臀部赘肉多且过于圆润，那就选择低腰阔腿裤，即使有小肚腩，由于裤子挂胯，也不会显腰粗（图3-26）。

图3-26　阔腿裤

3.裙裤

　　裙裤外观似裙子，像裤子一样具有下裆，是裤子与裙子的结合体。保留了裤子的优点（如便于行动、不易走光等），又具有裙子的飘逸浪漫和宽松舒适。穿腻了裙子或裤子，不妨来试试裙子和裤子的结合体（图3-27）。

图3-27　裙裤

4.灯笼裤

灯笼裤指裤管直筒宽大，裤脚口收紧，上、下两端紧窄，中段松肥，形如灯笼的一种裤子。从设计上可以看作一种"仿物造型"及"仿物取名"。灯笼裤大多用柔软的绸料或化纤衣料裁制，轻松舒适，多为休闲时穿着，适宜练拳操和练功等穿着。中式练功裤和运动裤也常采用这种造型（图3-28）。

图3-28　灯笼裤

5.喇叭裤

所谓喇叭裤，因裤形状似喇叭而得名。它的特点是低腰短裆，紧裹臀部；裤腿上窄下宽，从膝盖以下逐渐张开，裤口的尺寸明显大于膝盖的尺寸，形成喇叭状。在结构设计方面，是在西裤的基础上，立裆稍短，臀围放松量适当减小，使臀部及中裆（膝盖附近）部位合身合体，从膝盖下根据需要放大裤口。按裤口放大的程度，喇叭裤可分为大喇叭裤、小喇叭裤及微型喇叭裤。微型喇叭裤的裤脚口一般可以覆盖鞋面大部分，小喇叭的裤脚口略大，在25～30cm，可以刚好完全覆盖鞋面。大喇叭的裤脚口，有的竟在50cm以上，穿着时像把扫帚在扫地。同时，喇叭裤的造型也与纯正阔腿裤有一定的相似性的，甚至也有介于其间的中间款——阔腿喇叭裤。这种裤子的裤筒一般很宽，也有"上窄下宽"的样式（图3-29）。

图3-29 喇叭裤

（三）运动裤

运动裤比较专注于运动方面，对于裤子的材质方面有特殊要求，一般来说，运动裤要求易于排汗、舒适、无牵扯，非常适合于剧烈运动（图3-30）。

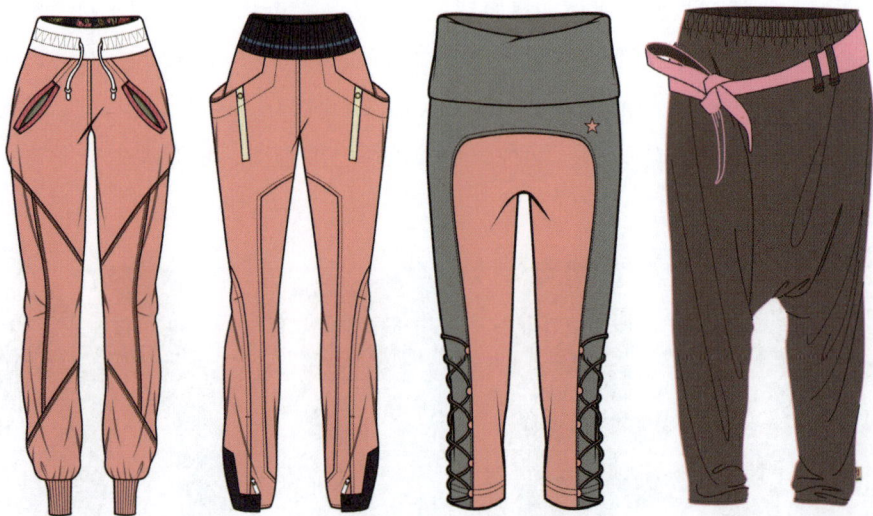

图3-30 运动裤

1.普通运动裤

普通运动裤追求比较舒适的穿着体验，同时能够带有良好的排汗及透气性，让人们穿着时，不会影响到各种动作，长短根据运动类型的不同有所区别（图3-31）。

图3-31　普通运动裤

2. 哈伦裤

传统哈伦裤的裤型类似于灯笼裤，整体呈现"上宽下窄"的形状。哈伦裤的种类有很多，肥瘦不一，裆的位置也有高有低。

经过时尚轮回，哈伦裤的样式变得多种多样，如今最受欢迎的莫过于帅气的窄脚哈伦裤。窄脚哈伦裤的特点是小腿部位尺寸比较窄，但臀部或大腿部还是保持着原有的宽松和舒适。这种形态的裤子不仅可以拉长小腿，塑造小腿的曲线轮廓，还可以有效地掩盖臀部或者大腿的缺点，有效地塑造腿部线条。

哈伦裤也有垮裆裤、掉裆裤、吊裆裤等叫法，它的特点是裤裆宽松，大多比较低，为了整体线条和谐，又不显得矮，裤裆不太低却宽松得明显，裤管比较窄，系绳闭襟型的。这样一来不但完美体现穿着者的身材，还可以避免运动不适。

哈伦裤与萝卜裤的区别：一是裤型不同，萝卜裤是屁股延大腿再到小腿一直收窄的裤型，偏修身；哈伦裤是两个胯骨间较宽松，越往腿部越瘦的一种板型。二是萝卜裤的裤腿是从腰部就很宽松，这种宽松会一直延伸到小腿的位置，过了小腿的部分裤腿才开始收窄；而哈伦裤虽然也是从腰部就很宽松，裤脚很窄，但过了大腿的位置，裤腿就已经开始收窄了，整个小腿的部分是比较紧身的。萝卜裤的裤裆部位虽然宽松，但基本上还是贴住臀部的。而哈伦裤为了更突出其嘻哈的风格，很多都有吊裆的设计（图3-32）。

图3-32　哈伦裤

◎**课题培训**

一、休闲裤款式变化要领

　　以牛仔裤为例，对休闲裤设计的装饰变化、分割变化及局部变化的思路、方法、形式及效果进行展示。牛仔裤的设计可以从裤子的造型、裤腰的形态、口袋的形状、分割线及装饰、色彩及面料等方面进行变化。

（一）裤子的造型

牛仔裤的设计构思首先考虑的是造型。造型决定着裤子的整体形象，是裤子设计的基础。牛仔裤的造型基本以筒裤、萝卜裤、喇叭裤、阔腿裤、锥形裤为主。在设计使用这些造型时，既要把握住这些造型的基本特征，又要在造型的肥瘦程度上进行细微的调整。如萝卜裤、喇叭裤等，都有大小肥瘦的区别，即大萝卜裤、小萝卜裤、大喇叭裤、小喇叭裤等（图3-33）。

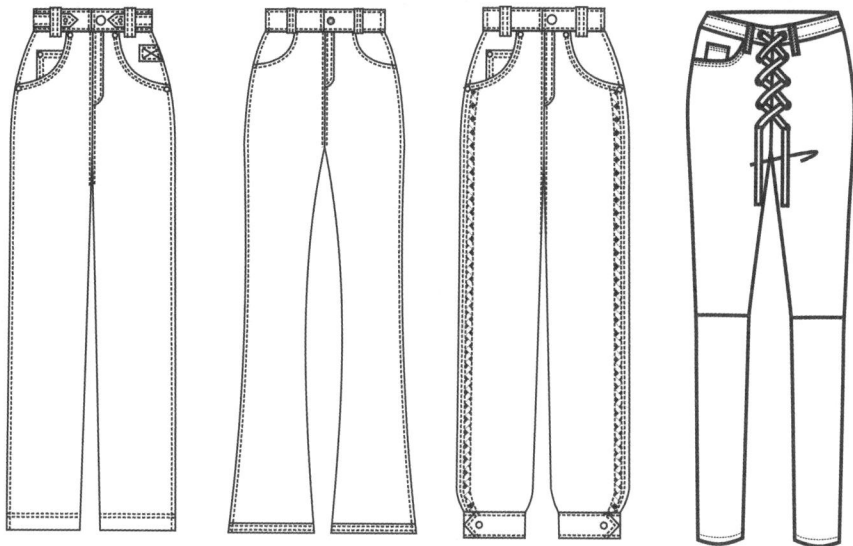

图3-33 牛仔裤造型变化

（二）裤腰的形态

由于裤腰处在裤子的最上端，因而它的形态就显得格外重要。裤腰一般有绱腰和连腰两种类型。绱腰需要另绱腰头，并在绱腰时把裤腰收紧；连腰需要把裤片加长，并且要利用收省或卡褶来收腰。裤腰收紧的方式还有多种，如松紧带收紧、抽带收紧、腰带收紧、扣襻收紧等。裤腰上的裤襻形态有宽襻、窄襻、单襻、双襻、交叉襻、上宽下窄襻等（图3-34）。

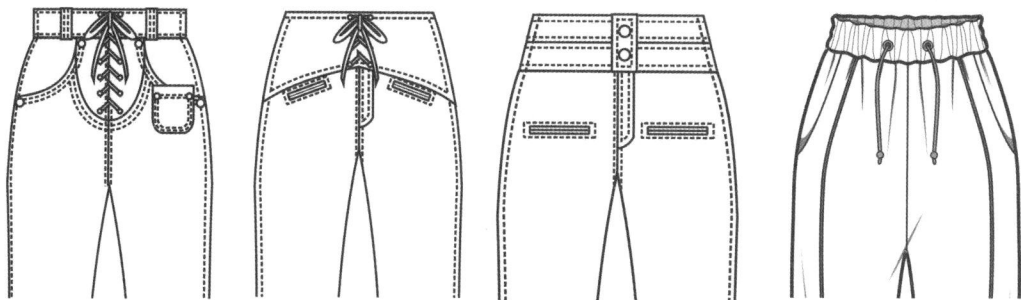

图3-34

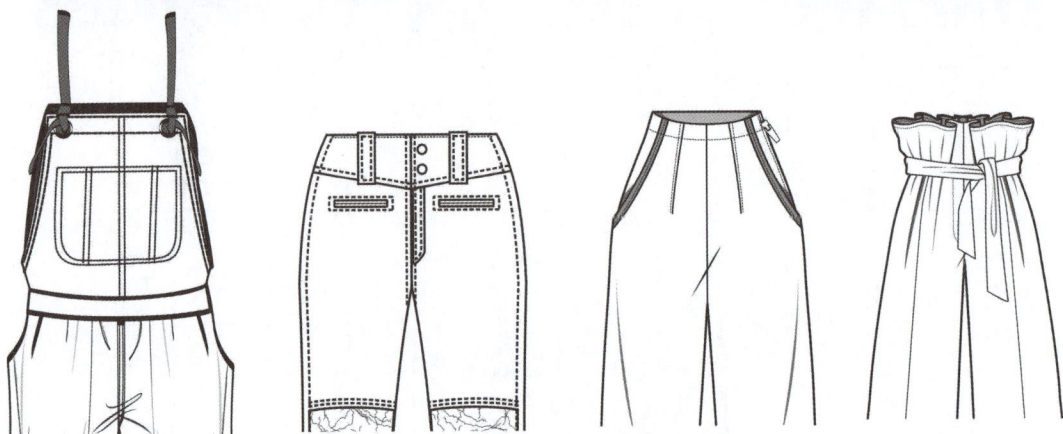

图3-34　牛仔裤裤腰形态变化

（三）口袋的形态

口袋是裤子重要的组成部分，也是设计的一个重点。牛仔裤的口袋有侧袋、后袋、装饰袋的不同，同时还有暗挖袋、明贴袋、借缝袋的区别。侧袋、后袋和装饰袋都有纵向、斜向和横向三种方向，还有直线袋口、曲线袋口和折线袋口的不同状态。在袋口的形态上，有带兜盖和不带兜盖等类型。在袋口的扣合方式上，有扣子、拉链、扣襻、四合扣、尼龙搭扣等不同方式（图3-35）。

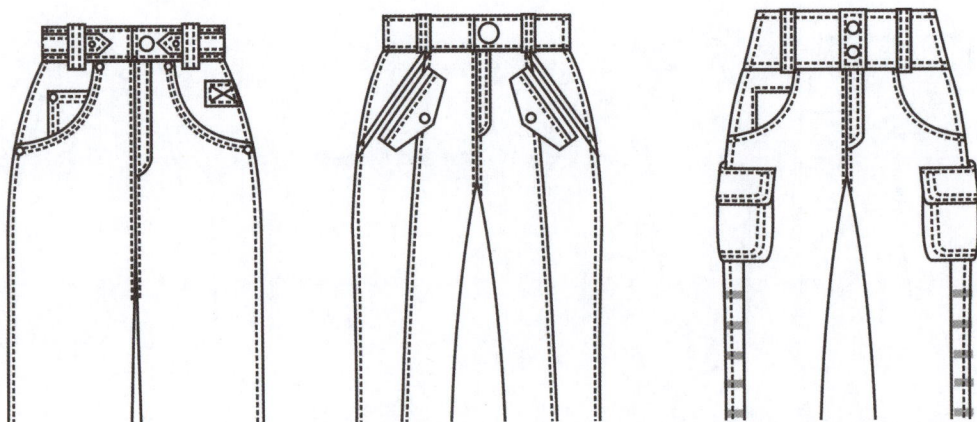

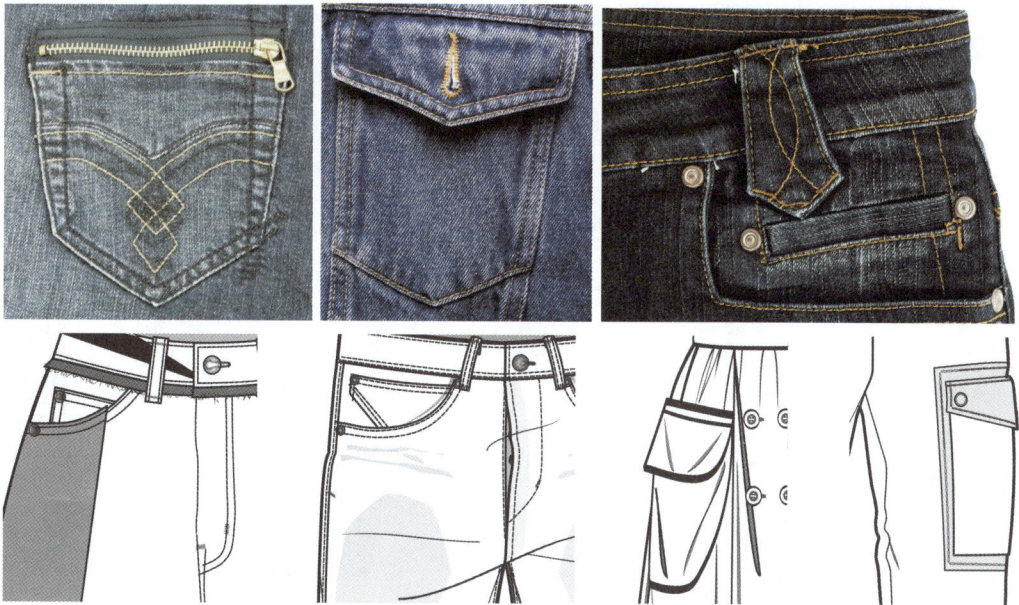

图 3-35 牛仔裤口袋变化

（四）分割线及装饰

牛仔裤款式分割线和装饰有很多。裤子上的分割线，横线、竖线、斜线、曲线四种分割形式均可使用，关键是能否用得独具趣味。裤子上的装饰，以缉明线、加拉链、钉铁钉、牵条、拼色、抽带、穿带、明贴立体袋等为主（图 3-36）。

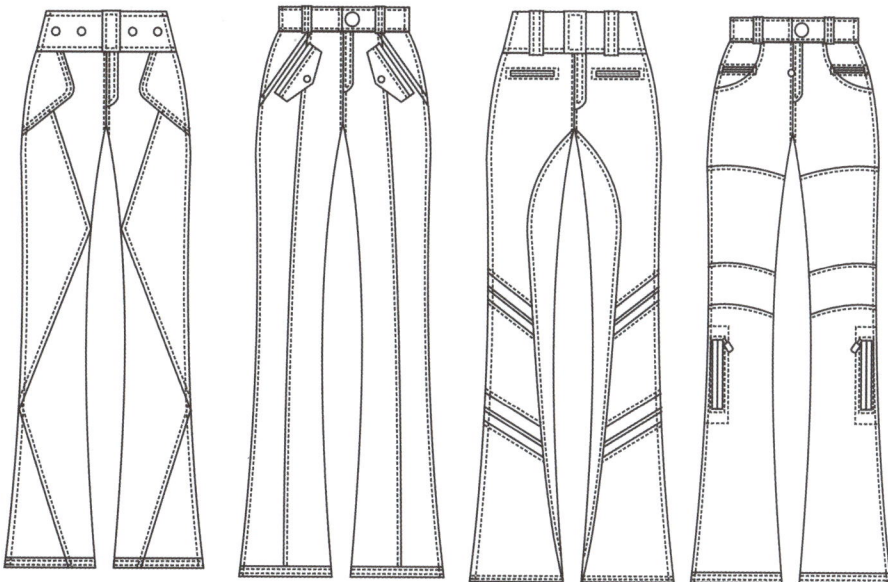

图 3-36

图3-36　牛仔裤分割线及装饰变化

（五）色彩及面料

　　牛仔裤的色彩多样，根据款式和穿着场合的不同而丰富多彩，或沉稳或明快或素雅。常用的面料有毛涤混纺、涤棉混纺、化纤混纺、纯棉精纺、灯芯绒、水洗布、牛仔布、华达呢、板司呢、凉爽呢、花呢等。牛仔裤是一类很特殊的服装，它的主要特点是使用寿命很长。越洗越漂亮，越旧越有味，是牛仔裤不同于一般服装的显著特点。要达到这个目的，面料的质地无疑就显得至关重要。面料不好的牛仔裤，不只是产品寿命短，穿着不贴身不舒服，且易变形、掉色，在穿着过程中也达不到越旧越有价值的效果。洗水的好坏及效果，完全依赖于面料的质地，没有好的面料，根本不可能做出很高档的洗水效果。可以说，一条牛仔裤的档次高低，很大程度上就是由面料的档次来决定的。

真正的牛仔裤是由100%的棉布做成的，甚至其缝线也是棉的；也可以用聚酯混纺面料代替棉布，不过不怎么流行。最常使用的染料是人工合成的靛青。传统的铆钉、拉链和纽扣是金属制的。商标由布料、皮革或塑料制成，有些也会在牛仔裤上刺绣（图3-37）。

图3-37 牛仔裤色彩及面料变化

二、牛仔裤款式绘制

以图3-38所示的款式为例,其绘制的详细步骤如下。

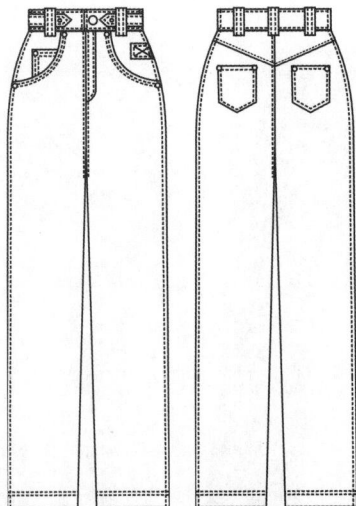

图3-38 牛仔裤例图

(一)确定基础框架(图3-39)

(1)定腰宽 W,绘制一条水平线。

(2)画对称线,在腰宽线的一半处画一条垂直线。

(3)定臀高线 W,由水平线向下画一条腰线的平行线。

(4)在步骤(3)中的平行线上画臀宽1.4 W,由对称线向两边平分。

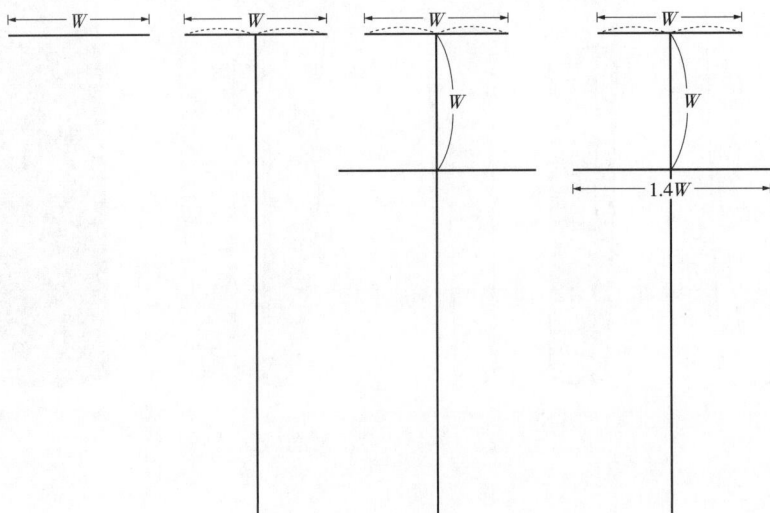

图3-39 牛仔裤基础框架

（二）正面图绘制（图3-40）

（1）确定裤长。

（2）画裤子外轮廓线，线条要顺滑圆润。

（3）画局部结构，如口袋、搭门等。

（4）处理腰头细节，如襻带、纽扣等，完成各部位明线的绘制。

（5）擦去辅助线，调整外轮廓线，注重线条的流畅与清晰。

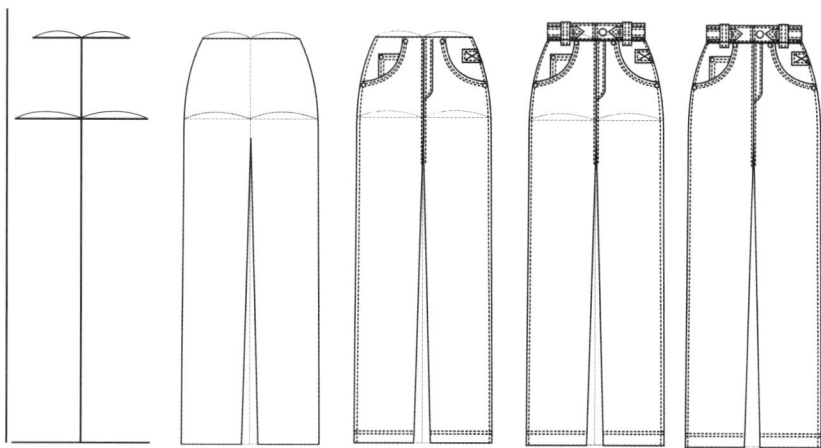

图3-40　牛仔裤正面绘制步骤

（三）背面图绘制

绘制方法和步骤与正面图相同，不同的是背面局部细节的设计变化（图3-41）。

（四）调整整理

擦去辅助线，加深外轮廓线，注重线条的流畅与清晰。

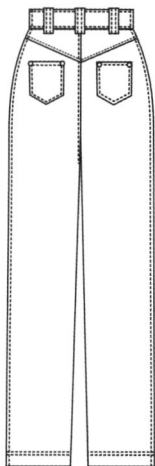

图3-41　牛仔裤背面绘制效果

　　亲爱的设计师们，经过大家的共同努力，你们掌握休闲裤子的知识了吗？现在是发挥你们创作才能的时刻了，请各团队齐心协力完成各自的设计方案吧！

◎课题演练

　　运用所学知识，根据例图提供的休闲裤进行款式图绘制（图3-42）。

　　具体要求：（1）款式绘制比例合理。

　　　　　　　（2）细节刻画清晰准确。

　　　　　　　（3）绘制线条流畅、粗细恰当。

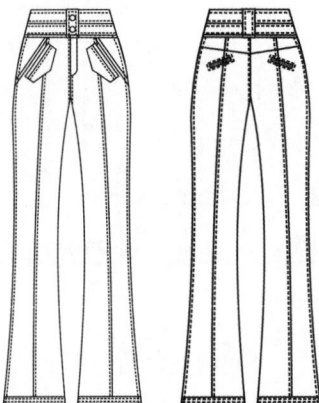

图3-42　牛仔裤演练例图

评价用表

序号	具体指标	分值	自评	小组互评	教师评价	小计
1	款式图表现清晰，便于理解和交流，整体造型效果美观	2				
2	款式具备创新特色和流行时尚元素	2				
3	款式细节（腰头、褶裥、省道、裤长等）表达明确	2				
4	系列款式风格统一	2				
5	款式绘制比例恰当，线条清晰流畅、粗细恰当	2				
合计		10				

◎ 课题拓展

以一个教学班为单位模拟服装企业设计部，分成 6 个设计小组，每组 4~6 人。运用所学裤子款式变化要领及绘制步骤，完成短裤、五分裤、喇叭裤、背带裤各一个系列的设计，由每个设计小组分别承担。一个系列 8 款，要求画出正面、背面款式图，绘制在 4 开版面上。

款号	1	2	3	4
图样				
色彩小样				
款号	5	6	7	8
图样				
色彩小样				

◎ 课外知识拓展

你知道吗?

无论男女的牛仔裤，都有一个非常小的口袋（图 3-43），放不下手机，即使放了硬币也不好取出来。

这个口袋叫作硬币口袋（Coin Pocker）或者表袋（Watch Pocket）。叫表袋是因为这个口袋可以放进去一个挂表。过去的腕表都是缺乏耐震构造的机械式，容易受到手腕的冲击而坏掉。早在 19 世纪初，牛仔们的习惯是用链子挂着怀表，也

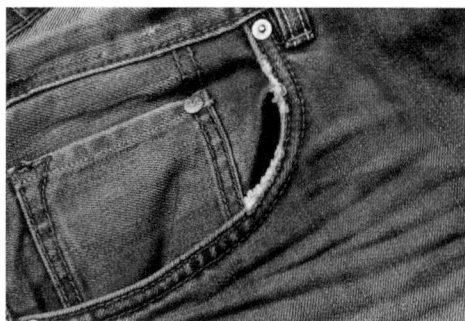

图 3-43 牛仔裤小口袋

不容易丢，而不是像现在那样用表带。李维斯（Levi's）便在裤子上加上了这种能够放得下挂表的小口袋。在李维斯最早的档案里面，其第一批的牛仔裤就已经开始使用小口袋的设计了。

随着时代的变迁，小口袋也多了很多的功能，现在叫硬币口袋，可以装些车票、票根、硬币等。但是在历史的来源上其实是为了不让挂表坏掉的一个小设计。

任务三　连体裤款式设计

◎任务描述

某女装品牌开始新一季设计开发，公司设计室决定安排设计攻关小组，根据产品开发规划和产品开发任务，进行新季度连体裤的款式方案设计，并绘制其款式图。请各设计小组齐心协力，结合本任务的要求，融合当前的流行元素，在尽可能短的时间内准确、严谨地完成设计方案。

◎知识目标

（1）了解连体裤的种类。

（2）熟悉当前连体裤的流行趋势（款式造型、色彩、图案、面辅料、工艺等），训练学生敏锐的捕捉能力与良好的创新能力。

（3）掌握手绘连体裤款式图的款式特点与注意事项。

◎技能目标

（1）能进行连体裤款式设计图的绘制与款式特征的表现。

（2）能够掌握连体裤款式的造型变化要领与方法。

（3）能根据所学连体裤款式设计要领独立设计连体裤装单品系列。

◎素养目标

提高学生文化、历史等方面的综合素养，不断提高自身职业素养。

◎思政目标

引领学生树立正确的世界观、人生观、价值观，增强学生民族自信心和自豪感。指导学生主动探索，在了解专业知识的基础上通过资料收集整理出传统服装款式及文化内涵，对中华传统文化有更深的认知。

◎课题知识

连体裤基础知识

连体裤（Overalls）泛指上衣与裤子连为一体的服装。因上下相连对人体的密封性较好而成为特殊工种的日常工装服。密封性更强的还有将帽子、鞋袜、衣服和裤子连在一起的造型，是抗辐射及防化人员常穿的服装款式。

1972年，在新疆吐鲁番市阿斯塔那出土了一幅唐代的婴戏绢画《双童图》，两个孩子都穿着一模一样的彩色条纹背带裤，这幅画可以充分说明，至少在唐代就已经开始流行背带裤了（图3-44）。

图3-44　《双童图》

本章所讲的连体裤主要指从工装连体裤演变而来的日常穿着的时装连体裤，着重分析连体裤中的背带裤和连衣裤。

（一）背带裤

背带裤是指腰上装有挎肩背带的裤子。传统西裤中的背带裤仅为两根挎带相连，而在工装裤及现代时装背带裤中多有前胸补块设计：在普通的长裤或短裤上面加一只护胸（俗称饭单），穿着时以背带系住前后片，无须腰带。这种从修理师傅的工作服式样变化而来的裤子在20世纪60年代成为众多时尚女孩的单品，现在更是青年女性的日常便服之一（图3-45）。

图3-45　背带裤

（二）连衣裤

连衣裤是指将上衣和裤子从腰部连在一起的服装，设计源于飞行员的跳伞服，上下衣连在一起且多为长袖长裤，总体的外形仍没有脱离工作服的形象。世界上第一条连体裤被定义为意大利史上最具创新性及未来感的服装。但实际上，被女性青睐的连体裤第一次被女性穿在身上是美国第一位独自飞越大西洋的女飞行员，后经设计师改造带到了时尚舞台上（图3-46）。

图3-46 传统连衣裤

经过潮流的更迭，上衣除了长袖，还出现了短袖、无袖等多种变化。裤子也不再是单一的长裤。在中性硬朗的基础上增添了很多凸显女性特质的设计，既方便穿着又独具优雅气质（图3-47）。

图3-47　现代连衣裤

◎ 课题培训

一、连体裤款式变化要领

连体裤的设计可以从裤子的造型、口袋的形状、分割线及装饰、色彩及面料几个方面进行变化。因口袋的形状、分割线及装饰、色彩及面料的变化和裤子基本一样，这里着重分析与裤子不同的设计点。

（一）整体造型

连体裤裤子部分的造型和休闲裤基本相同，裤型有筒裤、萝卜裤、喇叭裤、锥形裤等。因连体裤没有独立的腰头而是和上衣相连，因此在设计时要考虑与上衣造型的协调。

背带裤裤子部分的造型基本上同牛仔裤，只是后腰很少设计过腰分割线，门襟开在两边侧缝中并钉有纽扣，整体的松量要大于一般牛仔裤。前胸和后背分别在裤子的基础上做胸襟和背襟，前胸襟上设计大贴袋等，背带在后襟上与后背相连并在前襟系扣。

　　工装连体裤是连体裤中最基本的造型，衬衫或夹克融合宽大的裤腿，用挺括厚实的面料和饱和度低的颜色，使曾经的"工作制服"瞬间高级很多，颇有极简主义的味道。如今秀场中的连体裤，风格更加多样、剪裁更加立体，加入的元素也越来越多，不再是纯色的连体裤一统天下，也不再是清一色的牛仔布，印花、蕾丝等也都可以用来做连体裤（图3-48～图3-53）。

图3-48　连体裤整体造型变化1

图3-49　连体裤整体造型变化2

图3-50　连体裤整体造型变化3

图3-51　连体裤整体造型变化4

图3-52　连体裤整体造型变化5

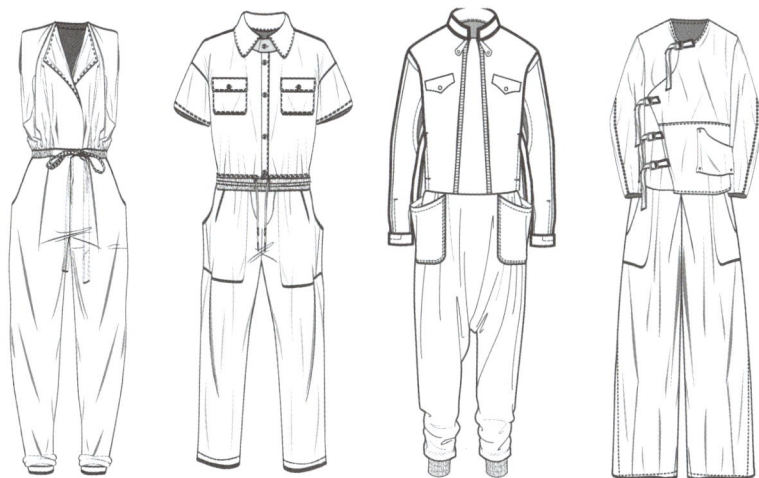

图3-53　连体裤整体造型变化6

（二）背带造型

连体裤上身部分与上衣造型基本相同，但其中背带裤前胸部位的设计是很丰富多变的，下列图展示了多款背带裤的背带设计，背带的宽度、长短、位置等都是设计重点（图3-54~图3-56）。

图3-54　连体裤背带造型变化1

图3-55　连体裤背带造型变化2

109

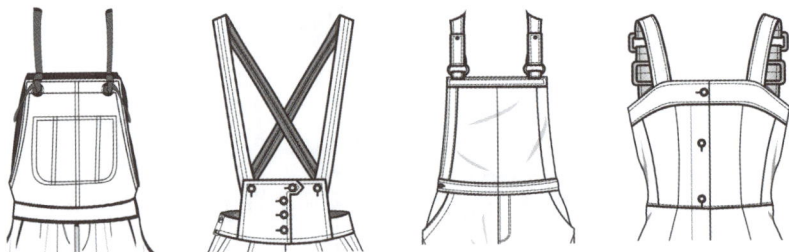

图3-56　连体裤背带造型变化3

（三）腰部造型

连体裤是上衣下裳连在一起不分开的造型，腰部设计大体分为连腰型和接腰型，有高腰、低腰、中腰的腰线设计区分，但和高腰裤需要把腰头加长不同的是，连体裤腰头要连着上衣或者前胸，不能直接用处理腰头的方法来收腰，而是要利用收省或抽褶来收腰（图3-57～图3-60）。

图3-57　连体裤腰部造型变化1

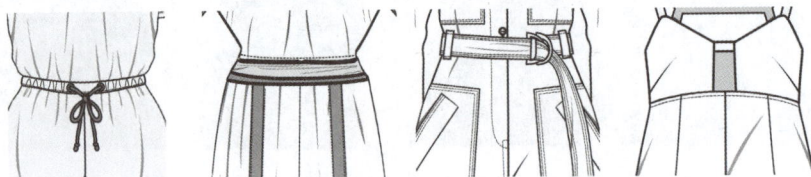

图3-58　连体裤腰部造型变化2

图3-59　连体裤腰部造型变化3

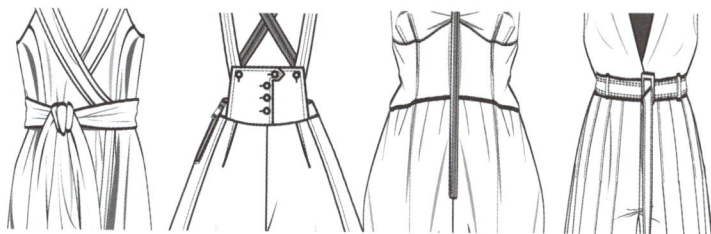

图3-60 连体裤腰部造型变化4

　　可以利用原本的腰带和收省设计起到收腰效果，也可以单独使用腰带，设计时千万不能放弃腰带或是收腰设计。人们对腿的界定往往都是以腰为分界线，选择有明显腰线设计并且整体"分割"比例偏高的连体裤，能重新调整比例和腿的长度，特殊造型除外（图3-61、图3-62）。

图3-61 连体裤腰部造型变化5

图3-62 连体裤腰部造型变化6

（四）装饰

连体裤本身就带有酷的因子，用拉链代替纽扣则能把这种酷感进一步放大（图3-63、图3-64）。

图3-63　连体裤装饰变化1

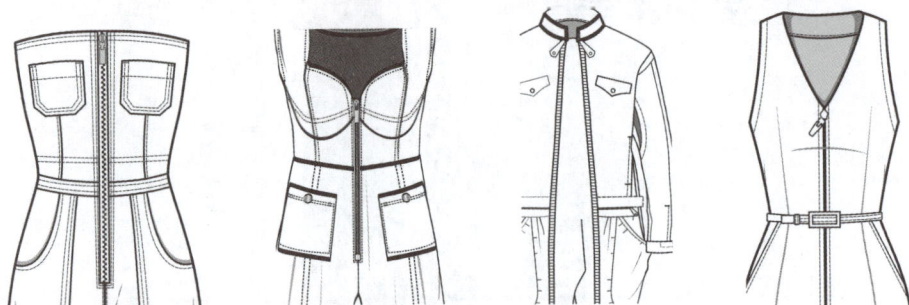

图3-64　连体裤装饰变化2

二、牛仔背带裤款式绘制

以图3-65所示的款式为例，其绘制的详细步骤如下。

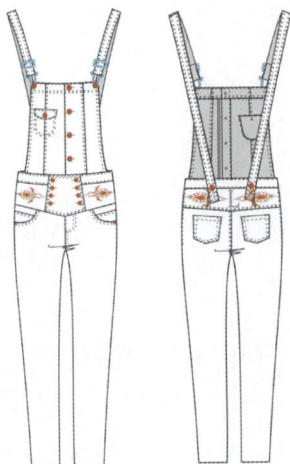

图3-65　牛仔背带裤例图

（一）确定基础框架（图3-66）

（1）定腰宽 W，绘制一条水平线。

（2）画对称线，腰宽线的一半处画一条垂直线。

（3）定臀高线，由水平线向下量取 W 画一条腰线的平行线。

（4）在步骤（3）中的平行线上画臀宽1.4W，由对称线向两边平分。

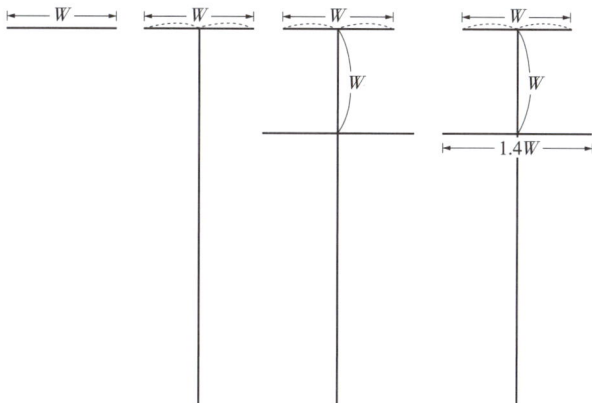

图3-66　牛仔背带裤基础框架

（二）正面图绘制（图3-67）

（1）确定裤长。

（2）画裤子外轮廓线，线条要顺滑圆润（因为有背带不需要考虑腰部是否合体，腰宽可以比模板数据略宽）。

（3）画局部结构，如口袋、搭门等。

（4）腰头细节处理，如襻带、纽扣等，完成各部位明线绘制。

（5）擦去辅助线，调整外轮廓线，注重线条的流畅与清晰。

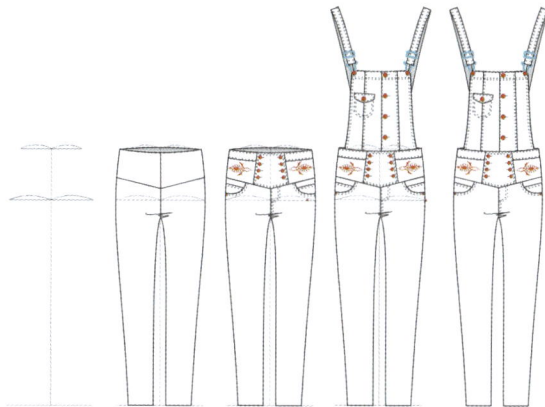

图3-67　牛仔背带裤正面绘制步骤

（三）背面图绘制

背面图绘制方法和步骤与正面图相同，不同的是背面局部细节的设计变化（图3-68）。要注意背带前后关系的处理。

（四）调整整理

擦去辅助线，描重外轮廓线，注重线条的流畅与清晰。

图3-68　牛仔背带裤背面绘制效果

★小贴士★

亲爱的设计师们，经过大家的共同努力，你们对连体裤的知识掌握了吗？现在是发挥你们创作才能的时刻了，请各团队齐心协力完成各自的设计方案吧！

◎ 课题演练

运用所学知识，根据图3-69提供的背带裤进行款式图绘制。

具体要求：（1）款式绘制比例合理。

（2）细节刻画清晰、准确。

（3）绘制线条流畅、粗细恰当。

图3-69　背带裤演练例图

评价用表

序号	具体指标	分值	自评	小组互评	教师评价	小计
1	款式图表现清晰，便于理解和交流，整体造型效果美观	2				
2	款式具备创新特色和流行时尚元素	2				
3	款式细节（分割线、拼接、省道、口袋等）表达明确	2				
4	系列款式风格统一	2				
5	款式绘制比例恰当，线条清晰流畅、粗细恰当	2				
合计		10				

◎课题拓展

以一个教学班为单位模拟服装企业设计部，分成 6 个设计小组，每组 4~6 人。运用所学裤子款式变化要领及绘制步骤，完成连体短裤、连体五分裤、连体喇叭裤、背带裤各一个系列的设计，由每个设计小组分别承担。一个系列 8 款，要求画出正面、背面款式图，绘制在 4 开版面上。

款号	1	2	3	4
图样				
色彩小样				
款号	5	6	7	8
图样				
色彩小样				

◎课外知识拓展

你知道吗？

喇叭裤（图3-70）据说是西方水手的发明。水手在甲板上工作，因海水易溅进靴筒，所以想了这个改变裤脚形状的办法，用宽大的裤脚罩住靴筒，以免水花溅入。

图3-70　喇叭裤着装效果

项目四

套装款式设计

学习内容：任务一　职业制服款式设计

任务二　职业时装款式设计

内容提要：本项目共包含两个任务，目标是了解女式套装款式的分类，明确职业制服和职业时装款式设计要领，熟练掌握女式套装款式图的绘制技巧，能运用设计要领准确绘制出各类女式套装平面款式图及进行款式拓展设计。

英姿飒爽——职业女装款式设计

项目重点

- 了解女式套装的款式及分类方式
- 掌握职业套装、休闲套装款式变化要领
- 掌握套装款式的绘制步骤及方法
- 能根据设计要点手绘各类套装款式图

内容导读

职业女装，顾名思义是指从事办公室工作或其他特定行业的女性上班时的着装。一般采用西装套装、套裙等形式，绝大多数为成衣，并且讲究品牌。色彩素雅、款式简洁、面料较好、裁剪讲究为其一般特点；过于华丽、过于性感、过于复杂和过于时髦都不可取。从某种意义上来说，职业女装即昭示着男女平等。现代职业装常以西装板型为基础，进行不同程度的改造，因而可以说西装是当代世界通用的职业装。很多人都不知道中国其实是世界上最早形成职业装制度与文化的国家之一。例如，补服以符号性的图案作为识别官员的标志，其影响一直持续到清代。补服的制作方法类似于当今的"贴布绣"手法，把文化融入制服中并形成重要的标识，是当今职业装设计的重要表现手法之一。

职业装主要有职业制服和职业时装两种，这两种职业装在穿着场合和要求上都有很大的差异。职业制服主要是指特定服务行业、行政执法单位为了统一形象而制定的统一服装，要求从业人员在工作时间必须按要求着装，具有较强的强制性（图4-1）。职业时装是指企业等单位的管理人员、办公室工作人员等职业人士，在工作或社交场合穿着的服装（图4-2）。本项目主要介绍这两种职业装。

职业装的款式主要以西装套装、套裙最为常见。西服套裙是女性的标准职业着装，可以塑造出强有力形象。

套裙有两种：一种是配套的，其上衣和裙子同色同料；另一种是不配套的，其上衣与裙子存在款式或颜色差异。正式场合穿着的套裙，上衣和裙子应采用同一质地、同一色彩的素色面料。上衣最短可以齐腰，袖长要盖住手腕，注重平整、挺括、贴身，较少

图4-1　某航空公司乘务组制服

图4-2　企业单位职业时装

使用饰物和花边进行点缀。裙子以窄裙为主，并且裙长要到膝或者过膝（图4-3）。一般认为裙短不雅、裙长无神，最理想的裙长是裙子的下摆恰好抵达小腿肚子最丰满的地方。

图4-3　西装套裙

　　除西装套裙外，另外一种形式是西装套装。西装套装是西服和西裤的搭配，会使女性显得过于沉闷严肃。近年来，女性的职业装也呈现出多元化，流行的阔腿裤和微喇裤就是近两年职业女性搭配很好的选择，阔腿裤和微喇裤最大的好处就是显腿长，搭配干练知性的衬衫和外套，这样的搭配不同于男装，将女性的柔美和干练相结合，凸显了女性的柔美。

　　职业装是既新兴又古老的一类服装。随着社会经济的发展，职业装在人们的现代生活中占据的地位正逐步增强，而且随着衣着水平的不断提高，职业装正逐渐摆脱纯粹的实用需求，而将实用与美观相结合的观念摆到了首要位置。

任务一 职业制服款式设计

◎任务描述

职业制服是适用于职业需要的着装者标识职业、职能的工作服装，具有劳动防护、标识职业、规范企业形象和强化行业职能的功能。某服装公司新接一批职业制服设计合约，设计部根据客户要求组建设计攻关组，进行职业制服款式的收集、整理、设计研发并绘制其款式图。请结合本任务的要求，融合职业制服设计功能、定位，准确、严谨地完成职业制服设计。

◎知识目标

（1）了解职业制服的概念、分类。

（2）熟悉当前职业制服的设计原则（款式造型、色彩、图案、面辅料、工艺等），训练学生敏锐的捕捉能力与良好的创新能力。

（3）掌握手绘及电脑绘制职业制服款式图的具体步骤与方法。

◎技能目标

（1）能进行职业制服款式设计图的绘制与款式特征的表现。

（2）能够掌握职业制服款式的变化要领与方法。

（3）能根据所学职业制服款式设计要领独立设计各类职业制服。

◎素养目标

引导学生对服装设计建立初步的认知，让学生明白何种设计才算得上是真正的设计，让学生认识到服装设计的精髓依托于设计人员的创新性思维。

◎思政目标

指导学生认识传统元素并合理运用，使学生能够找到设计的核心所在，引导学生形成良好的审美意识，并建立不畏艰难、敢于创新、不怕吃苦的工匠精神。

◎课题知识

职业制服基础知识

职业制服是指各阶层的专业人士为体现其特殊的行业身份而设计的着装，具有功能性和形象性的双重意义，同时在一定程度上规范着穿着者行为的秩序化和文明化。

职业制服是适用于职业需要的着装者标识职业、职能的工作服装，具有劳动防护、标识职业、规范企业形象和强化行业职能的功能。

（一）职业制服的功能

1. 防护功能

劳动过程中的防护功能是职业制服得以产生与发展的必要条件。人们在生产劳动中，因所处的环境各有不同，需要保护的方式和部位也不一样，职业制服的防护功能就在于满足这些特定的需求。以功能为主、形式为辅，在功能与形式相冲突时必须存功能而弃形式，这是防护类职业制服设计中不可更改的设计原则。从另一个方面来讲，只有不断地完善防护功能才能从根本上赋予其新的形式，达到实用与美观的高度结合。

2. 标识功能

任何服装都有标识的功能，如高级时装标识着财富阶层、社会地位；休闲服装标识着率性、随意、轻松；运动装标识着健康、年轻、活力。而职业制服的标识比其他类别服装更直接，它的款式、色彩、面料及配饰无不直观地显现出这类、这种、这款职业制服不同于其他服装的地方，标识着穿者是谁（归属何种群体）、是做什么的、应该如何做（包括言谈举止）等一系列的职业形象（图4-4、图4-5）。

图4-4　航空类制服

餐厅服务员　客房服务员　厨师　门童　经理　咨客

图4-5　酒店类制服

服装标识很大程度上带有历史的沿革性。历史上的常服和正装有可能被沿用到现代的职业服装中来，并赋予其新的职能概念。例如，我国旗袍作为20世纪三四十年代的女子常服，现在被较多地用到高级宾馆、酒店的迎宾服中，而中式便服经过改良后常用于中餐厅的服务员装束中。

3. 审美习惯与职能规范的功能

与其他类别的服装相比，职业制服具有独特的审美习惯。首先，职业制服需根据职业需要设计，以体现该职业或企业形象及着装者的气质并在工作中表现出敬业务实的精神为首要宗旨。其次，根据审美习惯和国际化惯例，职业制服的设计需具有一定的程式化规范，如邮递员服装的绿色、公务制服的徽章等。所谓习惯成自然，即当初的功能性早已随着时间的消逝而变为约定俗成的美的程式（图4-6）。

此外，职业制服体现职能规范主要表现在对着装产生的制约上。着装作为集团意志下的个人形象，在环境的影响下，会对人的意识产生作用。例如，当学生穿上学位袍、戴上学位帽，标志着他学业成功、前程似锦，对未来充满着希望，同时也在一定程度上增强了其自身克服困难获取事业成功的信心；再如，法官、警察等执法人员的职业制服，不仅能构成对着装者的意识和行为上的纪律约束，而且对民众而言是公正、廉洁、可信的标志（图4-7）。

图4-6　职业制服的职能性　　　　　　图4-7　职业制服的职能规范

（二）职业制服的设计定位

1. 专业防护类定位

对于此类服装必须定位于所针对的专业门类，了解和把握使用功能的要求，以防护、实用、舒适、方便为宗旨选料、定款、定色和确定加工方式。可以根据防护类别分为一般防护类、特种防护类两种。

（1）一般防护类（图4-8）：一般防护类指一般工矿企业的劳作人员在工作时所穿用的、

具有一定防护作用的服装。穿着此类服装起到诸如耐脏、耐磨、耐湿、隔热、防意外伤害等作用，并能为安全生产和人体健康提供一定的帮助。

（2）特种防护类（图4-9）：特种防护类指根据某种特殊职业要求所设计的专业化的防护服装，如食品加工业、医疗卫生业、精密电子仪器工业生产中穿的防菌、防尘、防静电的特殊作业服，消防、冶金、电焊、化工等企业人员穿用的阻燃、防腐类作业服及防弹服、防毒服、医疗保健服、潜水服、宇航服等。

2. 专业标识类定位

专业标识类职业服应根据不同的标识特征，对不同企业的职能特点、审美习惯和倾向进行准确定位。根据标识的类别可以把它分为普通标识类和特种标识类两种。

（1）普通标识类（图4-10）：普通标识类指宾馆、酒店、娱乐场所的职业服和学校企业的制服。例如，宾馆在升星级时往往会重新进行企业形象策划，其职业服必然会随之改变；企业在申请国际质量体系认证时，同样也会展开类似的工作。因而，这些体现形象的标识很可能随着社会潮流和流行趋势的变更而变更。

图4-8　一般防护类制服　　　　图4-9　特种防护类制服　　图4-10　普通标识类制服

（2）特种标识类：特种标识类指军队、警察、司法、海关、航空等由国家直接管辖的、标识国家职能形象的职业制服。这类服装的形制一般比较固定，即从面料、色彩、款式、工艺到配饰配件，国家有关部门均有严格而细致的要求。通常情况下，国家有关部门会以立法的形式来限定公民不得使用，使着装者与一般的社会成员严格地区别开来。

3. 职能规范类定位

职能规范类定位是职业制服中的一种基本定位，在服装的款型、色彩、结构和图案配饰中无不明显地显示出来。所谓职能规范类定位，在服装设计中，尤其在其定位方向上，必须使着装者着装后在产生自我约束的同时又形成某种职业的威慑力。

◎课题培训

一、职业制服的设计方法和步骤

（一）职业制服的设计方法

1.调研定位设计法

指在进入设计工作之前进行较为详细而有针对性的调查研究，特别是对于职业门类、工种和职别要了解清楚，具备整体而系统的把握能力，根据对象的特征和要求进行设计，制订明确而细致的设计方案，待对方认可后再进行下一步的工作。

2.限定设计法

职业制服一般均在对方提出要求的限定条件下进行设计，通常客户会针对造型、款式、色彩、面料、裁剪、工艺及标志、佩饰、附件等方面提出限定条件，以体现企业的特色和某些职业对着装者形象的特殊要求。例如，大型宾馆酒店会提出要符合其色标组合、面料中毛涤的混纺比例要达到多少、何种级别用何种面料等。设计过程中应根据这些要求在限定的范围内进行构思，未征得客户同意，不得随意超出限定的范围。

（二）职业制服的设计步骤

职业制服的种类虽然繁多，但只要在设计中抓住共性特征，难题就可以迎刃而解。一般职业制服可以通过以下步骤完成。

（1）调查服务对象（企业或集团人群）的工作状况及对服装的要求。

（2）研究服务对象在工作中对服装机能性要求的限定范围并进行防护定位。

（3）研究服务对象的整体形象标识对服装风格的制约性，确定一种符合设计对象的总体特色。

（4）研究服务对象的职能规范对服装的影响，设计中要求形式与内容相统一。

（5）运用能获得认同的构成元素或形式统构全局，切忌元素纷杂、多种风格混用，以免使人产生零乱无序的感觉。宾馆服设计要做到主色、辅色、点缀色强弱得当，系列徽标主次有序，主管、领班、服务员的装束有所区别。

二、职业制服的设计特点

职业制服的设计特点通常会根据不同行业的要求和工作环境而有所不同，下面是一些常见的职业制服的设计特点。

（1）实用性：职业制服设计的首要特点是实用性。制服应该符合从业者的工作需求，提供适当的功能性和便利性。例如，医护人员的制服通常会设计有多个口袋，用于存放医疗工具；工程师的制服可能会用耐磨性强的材料，配有工具携带装置。

（2）行业特定元素：不同行业有不同的特定元素，制服设计常常会突出这些特点。例如，酒店服务员的制服可能会采用典雅的颜色和细节，以展现专业性和服务态度；警察的制服则可包含执法标识和反光条，以提高可见性。

（3）品牌标识：许多公司和组织会在制服上展示自己的品牌标识，以加强对品牌的认知和宣传。这些标识可以是刺绣、徽章、印刷等形式，通常被放置在制服的胸部或袖子上。

（4）色彩和纹理：制服的色彩和纹理选择也是重要的设计考虑因素。一些行业可能会选择正式和专业的颜色，如黑色、灰色或深蓝色；而另一些行业可能会采用鲜艳的颜色，以提高可见性或增添活力。

（5）舒适性：舒适性是制服设计中不可忽视的因素。从业者通常需要长时间穿着制服，所以设计师应选择舒适的面料、合适的剪裁和贴身度，以确保穿着者在工作期间感到自在。

（6）标准化：在某些行业，制服的设计是标准化的，以确保整体形象的一致性，帮助员工和顾客识别从业者的身份，同时增强组织形象的专业性。

需要注意的是，不同行业和组织的职业制服设计可能会有所不同，以上列举的特点只是一些常见的设计元素，每个行业和组织还会根据自己的需求和特点进行特定的制服设计。

三、职业制服的款式绘制

以图4-11所示为例进行职业制服款式绘制步骤演示。

图4-11 职业制服例图

（一）上衣绘制（图4-12）

（1）定衣长线，肩宽为S（定一个长方形）。

（2）画上衣轮廓线，线条要顺滑圆润。

（3）画局部结构，如衣领、分割线、口袋等。

（4）细节处理，如明线、口袋位置绘制。

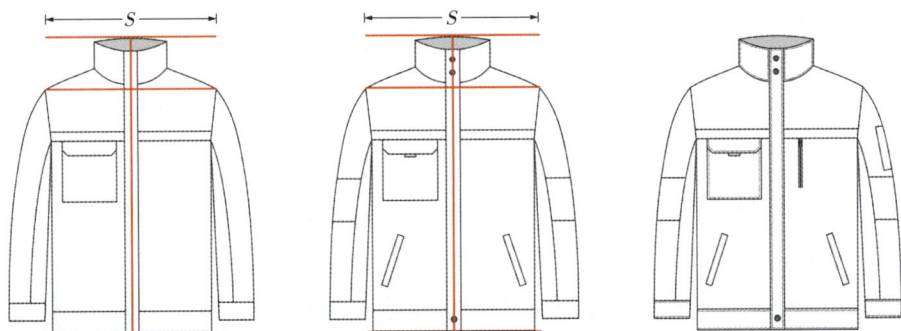

图4-12　职业制服上衣绘制步骤

（二）裤子绘制（图4-13）

（1）定裤长线，裤长为L。

（2）画裤腿轮廓线，线条要顺滑圆润。

（3）画局部结构，如腰带等。

（4）细节处理，如腰襻、口袋位置绘制。

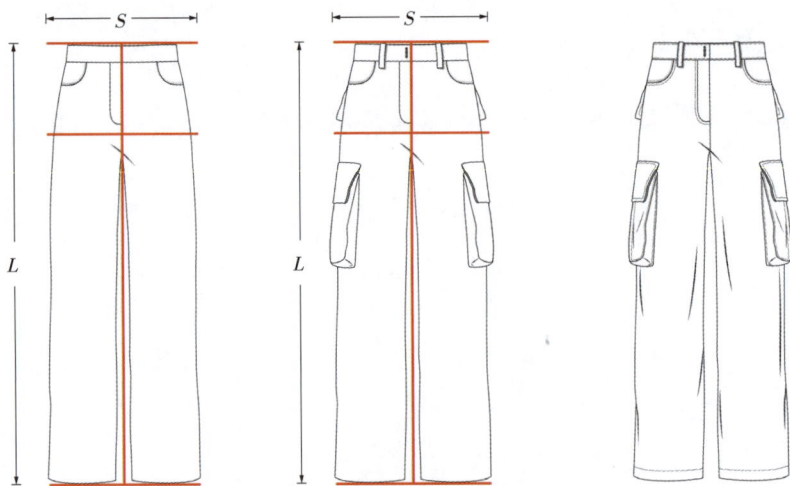

图4-13　职业制服裤子绘制步骤

◎ 课题演练

运用所学知识，根据图4-14提供的职业制服进行款式图绘制。

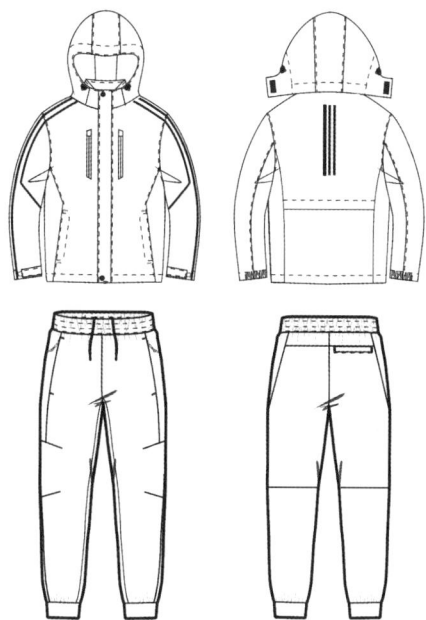

图4-14 职业制服演练例图

具体要求：（1）款式绘制比例合理。

（2）细节刻画清晰、准确。

（3）绘制线条流畅、粗细恰当。

评价用表

序号	具体指标	分值	自评	小组互评	教师评价	小计
1	款式图表现清晰，便于理解和交流，整体造型效果美观	2				
2	款式具备创新特色和流行时尚元素	2				
3	款式细节（分割线、褶裥、省道、衣领、袖口等）表达明确	2				
4	系列款式风格统一	2				
5	款式绘制比例恰当，线条清晰流畅、粗细恰当	2				
合计		10				

◎课题拓展

（1）模拟一个职业装品牌，根据企业开发部门的组织形式，3~5人自由结合分成小组，以团队的形式展开产品设计工作。

（2）根据职业装的产品结构图示，按照工种、类别、品种所分的各产品系列，在教师的指导下对男、女职业装的面辅料供应市场，以及高档宾馆、特色酒家、大型茶楼、大型工厂企业进行调研，深入地研究职业装的市场和产品情况。

（3）虚拟一种职业装，根据工种特点设定市场定位、风格定位，设置该职业装的产品结构并依据所区分的品种、类别进行1~2个产品的系列设计。设计要求：确定职业装（品牌）的产品定位，构思并表达出产品设计的着装搭配效果图和产品款样图（不少于8款）。

款号	1	2	3	4
图样				
色彩小样				
款号	5	6	7	8
图样				
色彩小样				

任务二　职业时装款式设计

◎任务描述

职业时装通常是指时尚、潮流的职业装，强调时尚元素，注重服装的设计和剪裁，体现个人品位和风格，常用于时尚行业、创意行业等注重形象的职业领域。职业时装的款式多样，可以是裙装、西装、裤装等，常以较为时尚的面料和细节处理著称，如亮片、流苏等。某服装公司旗下职业时装系列产品开发项目启动了，设计部根据产品开发规划和产品开发任务拟定了职业时装产品开发任务——职业时装款式设计。作为设计团队的成员，请根据设计点寻找设计灵感并绘制不同用途的系列职业时装。

◎ 知识目标

（1）了解职业时装的品种分类。

（2）熟悉当前职业时装的流行趋势（款式造型、色彩、图案、面辅料、工艺等），训练学生敏锐的捕捉能力与良好的创新能力。

◎ 技能目标

（1）能进行常见职业时装款式设计图的绘制与款式特征的表现。

（2）能够掌握职业时装款式的变化要领与方法。

（3）能根据所学职业时装款式设计要领独立开发设计系列职业时装。

◎ 素养目标

引导学生要具有"完美主义"的精神，树立追求高质量标准的意识，将高品质的设计、材料、工艺融合在一起，以满足客户的需求。

◎ 思政目标

培养学生严谨专注、精益求精的工匠精神，树立用所学专业服务国家、服务社会的理想信念。

◎ 课题知识

职业时装基础知识

职业时装的构成包括上装、下装、鞋子和配件等，如图4-15所示是女性职业时装最基础的款式。从设计的角度看，在上装和下装上可以变化的各种因素几乎都可以组合构成职业时装的样式（图4-16）。

职业时装的发展历史可以追溯到19世纪末、20世纪初，当时女性开始在社会中扮演更加重要的角色，需要一种更为合适的穿着方式，继而出现了职业时装。职业时装的发展历史可以看作一个与社会变革和女性地位提高相互关联的历程。随着时代的变化和消费者需求的变化，职业时装也在不断发展和变化，成为时尚界的一个重要领域。

图4-15　职业时装基础款式

图4-16　系列职业时装款式

　　职业时装具有较强的实用性和装饰性，穿着实用方便，具有舒适性、便利性、耐久性、通用性和容易搭配等特点，旨在为职业人士提供实用的着装方式，使她们能够在工作中更加舒适、便捷和自信，更好地展现职业人士的个性魅力。职业时装根据造型特点可分为立体裁剪型、个性时尚型和经典商务型最常见的三类，职业人士可以根据自己的职业和工作特点选择合适的职业时装造型。

（一）立体裁剪型（图4-17）

（1）立体裁剪：立体裁剪是立体裁剪技术的简称，它将人体的形态特点融入服装当中，使服装更加贴合身体，穿着更加舒适。

（2）精细裁剪：立体裁剪型职业时装通常采用更为精细的裁剪，通过对布料的裁剪和缝制，使服装在穿着时更加舒适、美观，同时也能展现职业女性的优雅气质。

（3）前卫设计：通常具有前卫的设计理念，能够体现时尚与个性，同时也更具有创新性。

（4）材质丰富：通常选用丰富的面料，如棉质、丝绸、羊毛、麻质等，这些面料能够更好地展现立体裁剪的效果。

（5）细节考究：通常注重细节的考究，如缝线的处理、扣子的细节、袖子的长度等，能够体现品牌的高品质和专业性。

图4-17　立体裁剪型职业时装

（二）个性时尚型（图4-18）

（1）独特设计：个性时尚型职业时装注重个性化设计，采用独特的剪裁、图案、细节等元素，以展现职业女性的个性与时尚。

（2）多样化材质：个性时尚型职业时装材质多样，不局限于传统面料，还可以包括皮革、丝绸、纱网、皮草等，这些材质能够更好地展现个性时尚的特点。

（3）颜色鲜艳：个性时尚型职业时装通常采用鲜艳的颜色，如红色、黄色、蓝色等，这些颜色能够显现职业女性的活力与时尚。

（4）创新细节：个性时尚型职业时装注重创新的细节设计，如不规则的领口、独特的袖口等，这些细节能够更好地展现个性和时尚。

（5）搭配多样：个性时尚型职业时装搭配灵活，能够与各种款式的鞋子、包包、配件等进行搭配，展现出不同的穿搭风格，更符合职业女性的多变需求。

图4-18　个性时尚型职业时装

（三）经典商务型（图4-19）

（1）剪裁简洁：经典商务型职业时装通常采用简洁的裁剪和线条，以凸显职业女性的专业形象。

（2）中性色调：经典商务型职业时装通常采用中性色调，如黑色、白色、灰色、米色等，这些颜色简洁、大气，不容易出错，同时也很容易搭配。

（3）纯色或小印花：通常采用纯色或小印花，可避免过于花哨的图案和色彩，更能展现职业女性的稳重和专业感。

（4）材质高档：通常选用高档的面料，如羊毛、丝绸、棉质等，不仅有良好的手感和质感，同时具有非常高的耐用性和耐穿性。

图4-19　经典商务型职业时装

此外，还有宽松休闲型（图4-20）和制服型（图4-21）两种款式颇受消费者喜爱。

图4-20　宽松休闲型职业时装

图4-21　制服型职业时装

◎课题培训

一、职业时装设计要点

（一）造型与结构设计

1.标准型职业时装设计

标准型职业时装是一种基本、经典的职业装，强调简约、干练、端庄的职业形象，适用于各种正式场合。标准型职业时装包括男女两性的套装、西装、衬衫、裙子、裤子、配饰等。男性的职业时装通常是西裤、衬衫和长裤的组合，女性的标准性职业时装则是套装、裙装和长裤的组合，颜色则以黑色、灰色、白色等中性色系为主（图4-22）。

图4-22 标准型男女职业时装造型

2.职业时装变化的设计

（1）裙装：裙装是女性职业装中不可或缺的元素，款式的变化使职业裙装变得更加时尚和个性化。例如，将传统的A字裙装改为波浪形、不对称或高低不等的设计，或加入褶皱、腰带、流苏、口袋等元素，使得职业裙装更具有变化（图4-23）。

图4-23 裙装设计变化

（2）西装：传统的职业西装以黑色、灰色、蓝色等中性色为主，但现在越来越多的设计师将西装进行了创新，以各种明亮的颜色和材质呈现出更多元化的职业西装。同时，也可以通过裁剪的变化，如腰身收紧、袖子变窄等，呈现出更具有时尚感的设计（图4-24）。

图4-24 西装设计变化

（3）上衣：传统的职业上衣设计较为保守，但现在更多的是加入了更为丰富的设计元素，如荷叶边、蕾丝、刺绣等，使得职业上衣在保持实用性的同时更加时尚（图4-25）。

图4-25　上衣设计变化

（4）配饰：配饰在职业时装中起着重要的作用。传统的职业时装配饰较为简单，经过长时间的时尚变化积累，通过精心设计的饰品进行装饰，如领带、围巾、腰带等，可增加职业时装的时尚感和设计感（图4-26）。

图4-26　时装配饰

（二）装饰设计

职业时装的装饰设计是指在职业装的设计中加入一些装饰元素，以增强其艺术感、时尚感和个性化。这些装饰元素可以包括细节设计、图案设计、领口设计、口袋设计、色彩设计、面料选用等，旨在使职业装更加精致、优雅、时尚，同时又不失其正式和专业的特点。职业时装的装饰设计需要注重设计的细节，充分考虑职业装的功能性和实用性，同时也需要考虑职业工作场景和氛围，以达到舒适、实用、时尚的平衡。

可以在职业装上加入一些细节设计，如金属纽扣、皮革饰品、丝带、拉链等，这些小细节可以使整体外观更加精致；在图案设计上，可以融入印花、镂空、刺绣等元素，这些图案可以增加职业装的艺术感，也不失其专业性；领口是职业装的重要组成部分，可以在领口设计上下功夫，如加入蕾丝、褶皱、剪裁等元素，使职业装更加精致；同时，在口袋上加入拉链、纽扣等元素，使职业装更加时尚。职业装的颜色通常比较正式，但可以在颜色设计上加入一些亮色元素，如在黑色或白色职业装中加入亮色领口或袖口，可增加整体外观的时尚感（图4-27）。

图4-27　装饰设计细节

总之，职业时装的装饰设计应该注重细节，也要符合职业的正式和专业特点，以达到个性化和时尚感的平衡。

（三）面料选用

在选择职业时装的面料时，需要综合考虑面料的质量、特性、透气性、穿着感和外观等方面。同时，也需要根据职业场合的要求和氛围，选用相应的面料，以保证职业时装的实用性、专业感和时尚感。职业时装面料的选用需要考虑多方面因素，如职业场合的环境和气氛、穿着者的职业和身份、面料的特性和品质、气候和季节等。例如，对于办公室等正式场合，常选用光滑、质地优良的面料，如羊毛、棉、丝绸等；对于户外工作等需要耐磨性和防水性服装的场合，常选用聚酯纤维、尼龙等耐用性较强的面料。同时，也可以选择将不同类型的面料组合在一起形成的新的面料搭配方式（图4-28）。

（a）羊毛与丝绸面料的组合　　（b）棉麻面料的组合　　（c）涤纶和丝绸面料的组合　　（d）羊毛与涤纶面料的组合

图4-28　不同面料效果职业时装

二、职业时装款式绘制

以图4-29所示的款式为例，其绘制的详细步骤如下。

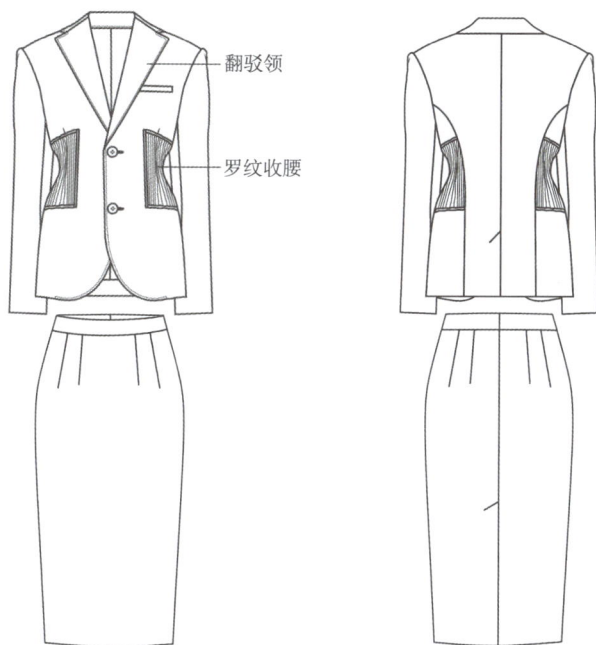

翻驳领

罗纹收腰

图4-29　职业时装例图

（一）上装绘制（图4-30）

（1）以人体肩宽为参照，根据需要定肩宽线为S，即定一条水平线。

（2）以肩宽线的中点画中心对称轴（在水平线中间画垂直线）。

（3）从肩宽线依次向下量肩端点线（根据具体款式灵活设定长度且平行于肩宽线）、从肩宽线向下量S长定腰围线（平行于肩宽线），从腰围线向下量0.8S长定衣长线（根据款式来定）。

（4）画上衣外轮廓线，线条要顺滑、圆润。

（5）画局部结构，如衣领、口袋等。

（6）细节刻画，如罗纹收腰等粗细线绘制。

背面图绘制方法和步骤与正面图相同，不同的只是背面局部细节的设计变化。

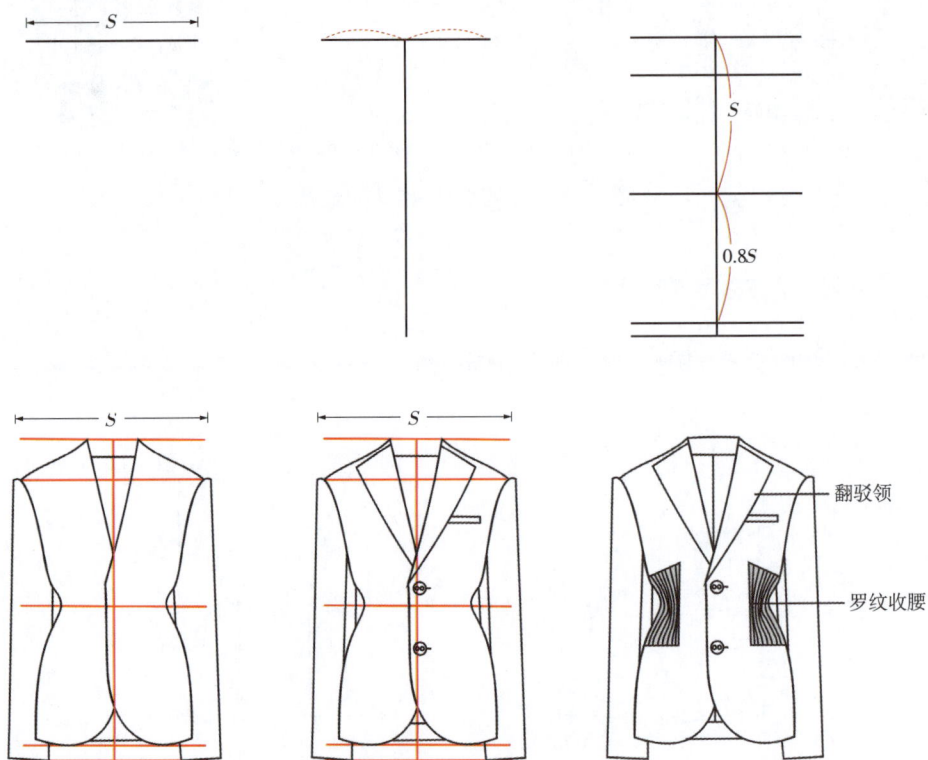

图4-30　职业时装上装绘制步骤

（二）裙子绘制（图4-31）

（1）以人体腰宽为参照，根据需要定腰宽线为S，即定一条水平线。以腰宽线中点画中心对称轴（在水平线中间画垂直线），向下量0.5S确定臀围线，根据款式确定裙长。

（2）画制服裙轮廓线，线条要顺滑圆润。

（3）画局部结构及细节处理，如裙腰、省道、褶裥等。

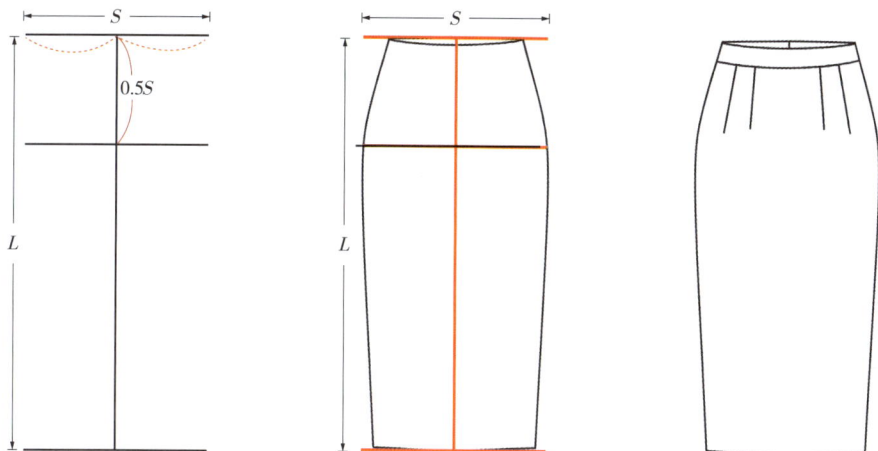

图4-31　职业时装裙子绘制步骤

背面图绘制方法和步骤与正面图相同，不同的只是裙背面拉链、开衩的绘制变化。

★小贴士★

　　亲爱的设计师们，经过大家的共同努力，你们对职业时装的知识掌握了吗？现在是你们发挥创作才能的时刻了，请各团队齐心协力完成各自的设计方案吧！

◎ 课题演练

　　运用所学知识，根据图4-32提供的职业时装进行款式图绘制。

　　具体要求：（1）款式绘制比例合理。

　　　　　　　（2）细节刻画清晰准确。

　　　　　　　（3）绘制线条流畅、粗细恰当。

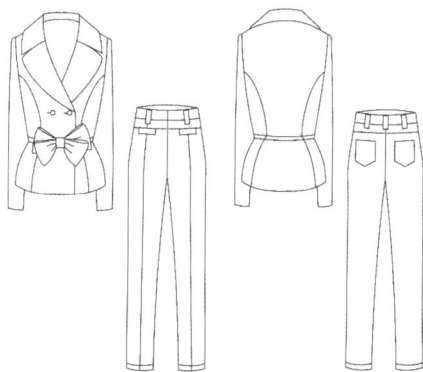

图4-32　职业时装演练例图

评价用表

序号	具体指标	分值	自评	小组互评	教师评价	小计
1	款式图表现清晰，便于理解和交流，整体造型效果美观	2				
2	款式具备创新特色和流行时尚元素	2				

续表

序号	具体指标	分值	自评	小组互评	教师评价	小计
3	款式细节（分割线、褶裥、省道、衣领、袖口等）表达明确	2				
4	系列款式风格统一	2				
5	款式绘制比例恰当，线条清晰流畅、粗细恰当	2				
合计		10				

◎ 课题拓展

以一个教学班为单位，模拟服装企业设计部，分成6个设计小组，每组4~6人。运用所学职业时装的设计要领，完成职业时装一个系列的设计，一个系列不少于6款，要求画出正面、背面款式图，绘制在4开版面上。

款号	1	2	3
图样			
色彩小样			
款号	4	5	6
图样			
色彩小样			

◎课外知识拓展

职业装的起源及中国职业装的发展史

职业装，起源于17世纪的欧洲，至今已经在全球范围内成为男士在各种场合的日常衣装。职业装之所以长盛不衰，不仅能体现出大方简洁、端正挺括、工艺精致、合体贴切的着装效果，并且穿着者的年龄跨度大，适宜于老、中、青三代。还有一个很重要的原因是它拥有深厚的文化内涵，想了解职业装文化，就必须重温一下职业装的历史。

职业装的起源：1690年，究斯特科尔

17世纪后半叶的法国路易十四时代，长衣及膝的外衣"究斯特科尔"和比其略短的"贝斯特"，以及紧身合体的半截裤"克尤罗特"一起登上历史舞台，构成现代三件套职业装的组成形式和穿着习惯。究斯特科尔前门襟扣子一般不扣，要扣只扣腰围线上下的几粒——这就是现代的单排扣西装一般不扣扣子，两粒扣西装只扣上面一粒的穿着习惯的由来。

领带的起源：1705年，克拉巴特

1670～1675年间，克罗地亚轻骑兵作为路易十四的近卫兵在巴黎服役，他们被称为"克拉巴特近卫兵"，其脖子上系一条亚麻布引起人们的模仿而成为男装领口不可缺少的装饰物，这就是现代领带的起源"克拉巴特"。当时，如何系好这条带子是评价贵族男子高雅与否的标准之一，因此，许多贵族专门雇佣从事此项工作的侍从。

长裤是法国大革命的产物：1829年，庞塔龙

1789年，法国大革命中的革命者把长裤"庞塔龙"作为对贵族的紧身半截裤"克尤罗特"的革命来穿用，最初庞塔龙的裤长只到小腿肚，后来逐渐变长，1793年长到脚面。到19世纪前半叶，裤腿时而紧身，时而宽松，与传统的半截裤并存。到19世纪50年代，男裤完成现代造型。

诞生于休息室的现代职业装：1853年，拉翁基·夹克

维多利亚时代的英国上层社会，有许多礼仪讲究，特别是夜里的社交活动，男士必须穿燕尾服，须举止文雅谈吐不俗。晚宴过后，男士们可以聚在餐厅旁的休息室小憩，只有在这里，才可以抽烟、喝白兰地、开玩笑，也可以在沙发上躺卧，这时笔挺的紧包身体的燕尾服就显得不合时宜。于是，一种宽松的无尾夹克就作为休息室专用的衣服登上历史的舞台，这就是"拉翁基·夹克"，其产生于1848年前后。在相当长一段时间里，这种夹克是不能登大雅之堂的，只限于休息、郊游、散步等休闲场合穿用。19世纪后半叶，这种夹克上升为男装中一个重要品种，当时牛津大学、剑桥大学的学生穿的牛津夹克、剑桥外套也都是这种造型。

中国第一套国产西装

中国第一套国产西装诞生于清末，是"红帮裁缝"为知名民主革命家徐锡麟制作的，徐锡麟于1903年在日本大阪与在日本学习西装工艺的宁波裁缝王睿谟相识。次年，徐锡麟回国，在上海王睿谟开设的王荣泰职业装店定制职业装，王睿谟花了三天三夜时间，全部用手工一针一线缝制出中国第一套国产西装，在当时的情况下，其工艺未必超得过西方国家的制作水平，但已充分显示出"红帮裁缝"的高超工艺，成为中国西装跻身于世界民族之林的先行者。

20世纪40年代的军装：1940年，跨肩式职业装

二次世界大战期间，人们崇尚威武的军人风度，无论男装还是女装，都流行军装式。自1940年前后起，男装流行Bold Look，所谓Bold是大胆的意思，其特点是用厚而宽的垫肩大胆地夸张和强调男性宽阔、强壮的肩部，与之相呼应，领子、驳头及领带也都变宽，前摆下角的弧线也变得方硬。裤子宽松肥大，上裆很长。

英国田园式的流行：1982年，田园式

20世纪80年代是一个复古的年代，随着世界经济一度复苏，西方传统的构筑式服饰文化又一次受到重视。20世纪70年代末的倒梯形职业装这时又回到传统的英国式造型上，但与以往不同的是人们在这个传统造型中追求舒适感；胸部放松量较大，驳头变大，扣位降低。单件上衣与异色裤子的自由组合很受欢迎。人们在稳重的传统造型中追求无拘无束的休闲气氛，以在宽松舒适的休闲职业装中寻找传统美的感觉。在这种背景下，英国用粗花呢制作的"田园式"非常时髦，从此，休闲职业装日渐兴盛。

最正统的职业装样式，上衣与裤子及背心都是用相同的面料、色彩缝制而成，并且由职业装领带、背心三件套组成。现代的职业装不再严肃保守，各种流行元素的运用也使职业装多了一分随意。

相对于男式职业装，职业女装的变迁史也记录了女性与整个社会共同成长的奋斗史。如今的职业女装是实用、舒适、时尚、前卫的结合，工作带来的个性风格，让女性拥有了更多展示自己的可能性。

无论男装还是女装，变化的都是衣着装扮的潮流，不变的是自我迭代的表达。正是这些用衣着体现出的为平等和尊重做出的努力，才使我们的世界如今天这般丰富美丽。

项目五
礼服款式设计

学习内容：任务一　西式礼服款式设计

　　　　　任务二　中式礼服款式设计

内容提要：本项目共包含两个任务，目标是了解礼服款式的分类，明确西式礼服和中式礼服各类
　　　　　款式设计要领，熟练掌握礼服款式图的绘制技巧，能运用礼服设计要领准确绘制各类
　　　　　礼服平面款式图及款式拓展设计。

仪态万方——礼服款式设计

项目重点

- 了解礼服的款式及分类方式
- 掌握西式礼服、中式礼服等礼服款式变化要领
- 掌握礼服款式的绘制步骤及方法
- 能根据设计要点手绘各类礼服款式图

内容导读

礼服是正式社交场合人们所穿服装的统称，是一项源自欧洲的现代国际化服装概念。女性礼服是以裙装为基本款式特征，在特定礼仪场合穿着的服装（图5-1）。

图5-1　西式礼服

礼服的款式造型变化十分多样，款式造型是否优美、适体，关键在于腰部与臀部的造型设计。礼服的分类标准有很多，依穿用场合，可分为正式礼服、非正式礼服、半下式礼服三类；依穿用时间，可分为日礼服、晚礼服两类；依艺术风格，可分为古典主义和浪漫主义两大类。

任务一　西式礼服款式设计

◎任务描述

某女装品牌开始新一季设计开发，公司设计室决定安排设计攻关小组，根据产品开发规划和产品开发任务，进行新季度礼服裙装款式设计方案，并设计绘制其款式图。请各设计小组齐心协力，结合本任务的要求，融合当前的流行元素，在尽可能短的时间内准确、严谨地完成设计方案。

◎知识目标

（1）了解西式礼服的分类。

（2）熟悉当前礼服的流行趋势（款式造型、色彩、图案、面辅料、工艺等），训练学生敏锐的捕捉能力与良好的创新能力。

（3）掌握西式礼服款式图的具体步骤与方法。

◎技能目标

（1）能进行西式礼服款式设计图的绘制与款式特征的表现。

（2）能掌握西式礼服款式的变化要领与方法。

（3）能根据所学款式设计要领独立设计西式礼服单品系列。

◎素养目标

让学生在加深对专业知识与技能掌握的同时，也可以进一步提高自身的思想道德水平，对我国传统文化与精神形成正确的认识。

◎思政目标

引导学生正确对待中西方的文化差异，提升学生民族自豪感，增强学生文化自信，强调爱国主义教育。

◎课题知识

西式礼服基础知识

西式礼服的造型设计主要考虑外轮廓与内轮廓的选择、比例的安排、细节的塑造、位置的分配和形式的处理等。礼服款式造型变化十分多样，款式造型是否优美、适体，关键在于腰部与臀部的造型设计。西式礼服通常分为正礼服、准礼服、小礼服，其分类依据主要在于裙长、露肩及露背的程度。本单元主要从这三方面来讲述。

1. 正礼服

正礼服主要用于正式、大型的晚会及宴会，一般裙长至脚背，多为无袖，且露出锁骨、肩、背，面料悬垂感好，风格飘逸。正礼服的常见款式有婚礼服、晚礼服等。

（1）婚礼服（图5-2）：这里主要介绍西式婚纱。西式婚纱中的白色象征着真诚与纯洁的寓意。婚礼服材质主要为白色纱缎，上部分收紧腰身，强调胸部线条，下部分相对蓬松、夸张。

图5-2　婚礼服

（2）晚礼服（图5-3）：下午6时之后出席正规晚宴、大型音乐会、舞会等穿着的礼服。传统款式的晚礼服以收腰的X廓型为主，常为低领口抹胸设计，用缠绕式、披挂式的造型手法丰富款式，晚礼服的下半部分常用夸张的手法表现，体积感较强，给人以正统、古典之美感。现代款式的晚礼服不再拘泥于程式化的设计，设计上更加简洁，注重突出女性形体美。

2. 准礼服

准礼服（图5-4），又称简礼服、略礼服，一般为正礼服的略装形式，主要用于文化氛围较浓的场合，如音乐会、小型舞会、时尚晚会等，款式多为裙长过膝、无领无袖，强调露肩、露背。例如，音乐会准礼服，在出席高雅的演出场合时，着装应尽量讲究品位，礼服面料多选用高级、挺括的纯毛质地或真丝绸缎等，应避免使用光泽及质地较差的化纤面料。另外，礼服的配饰选用也应有所考量，如配饰不能选择叮当作响的材质，否则在安静的场合会给人一种不舒服的感受。

图5-3　晚礼服

图5-4　准礼服

3.小礼服

小礼服又称鸡尾酒服，是在商务酒会、公司年会、典礼仪式上穿着的礼仪服装，裙长在膝盖上下5cm左右，短小精干、款式简洁、色彩明快，多选择具有华丽感和悬垂性较好的面料，整体风格轻松、接近成衣，价格相对于正礼服和准礼服较低，消费者普遍接受度高，穿着时行动较为方便，也可以作为普通便服穿着。

◎课题培训

一、西式礼服款式变化要领

西式礼服强调女性人体曲线以及薄、透、露的面料运用，款式常为夸张肩部、露背、收紧臀部等造型，无不体现出西方的文化观念，即展现自我、突出个性。具体的款式设计可以从领型、袖型、腰部、下摆、裙撑、背部等几方面进行变化。

（一）领型变化

西式礼服的领部变化分为有领和无领，以无领居多。无领礼服的领口型主要有一字领、鸡心领、单向落肩领、斜肩领、方领、V领、U领、牙口领、船型领、勺型领和深浅不一的圆领。在无领款式的礼服中，又可根据有无肩带进行划分，其中无肩带领以一字型抹胸和燕型抹胸礼服居多，而有肩带领主要有数量不一的双肩带领、斜向和一顺方向的单向肩带领、肩部系带领、环颈肩带领。除无领礼服外，有领礼服的领型主要有立领、环领、翻立领、荷叶领、垂荡领、堆领等（图5-5）。

图5-5　西式礼服领型变化

（二）袖型变化

西式礼服多为无袖，有袖的造型主要有宫廷式喇叭袖、宫廷式羊腿袖、克夫袖、贴体袖、泡泡袖等（图5-6）。

（三）腰部变化

西式礼服可分为连腰型和两截式腰型，其中以裁断与连体的连腰型居多。腰节形态主要有V字型、一字型、单向斜字型。另外，腰位的高低也会影响礼服的整体造型。一般来说，礼服都采用高腰位设计，在视觉上可起到拉长女性腿部的作用，使着装的人体更显修长（图5-7）。

图5-6　西式礼服袖型变化

图5-7　西式礼服腰部变化

（四）下摆变化

西式礼服的下摆，按摆幅大小分有迷你裙摆、小摆、中摆及超过360°的大摆，按裙摆造型分有鱼尾摆、扫地型拖摆等，按摆线形态分有斜向和圆弧；拖摆按工艺结构分有连体拖摆与分体拖摆。有时，后拖裙摆的长度也可代表礼服的档次（图5-8）。

图5-8　西式礼服下摆变化

（五）裙撑变化

西式礼服的设计往往可以借助各种造型的裙撑来表现礼服不同的风格。如早期古典主义风格的礼服设计会采用紧身胸衣加裙撑、臀垫的造型效果，而现代晚礼服则以无裙撑造型为主，以展现修长的女性体态。裙撑的设计主要有两种形式，一是直接借助面料挺括的特性表现束腰下蓬的造型；二是通过专门的裙撑来达到特有的造型效果，如有按材质分的金属丝的臀垫裙撑、钢架金字塔式裙撑、现代轻薄的尼龙骨架、尼龙丝裙撑、缀在衬纱上的硬纱裙撑等，按造型分的两截式筒型裙撑、三截式锥形裙撑、拖尾式裙撑、几何规则与不规则造型裙撑等（图5-9）。

图5-9　西式礼服裙撑变化

（六）背部变化

西式礼服的设计除了要关注正面效果外，背部的变化也常常成为人们视觉的焦点。常见的礼服背部设计有裸背型、系带型、与抹胸平齐的水平型及V字型、垂荡型与保守型等。有时，还可通过装饰物与点缀来丰富背部的设计，为礼服的整体增添亮点（图5-10）。

图5-10 西式礼服背部变化

二、西式礼服款式绘制

以图5-11所示的款式为例，其绘制的详细步骤如下。

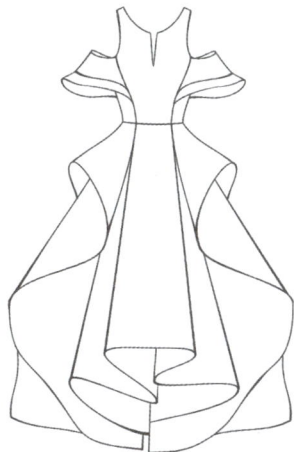

图5-11 西式礼服款式例图

151

（一）确定基础框架

（1）定腰宽 W，绘制一条水平线。

（2）画对称线，在腰宽线的一半处画一条垂直线。

（3）定臀高线 $0.5W$，由水平线向下画一条腰线的平行线。

（4）在步骤（3）中的平行线上画臀宽 $1.4W$，由对称线向两边平分（图5-12）。

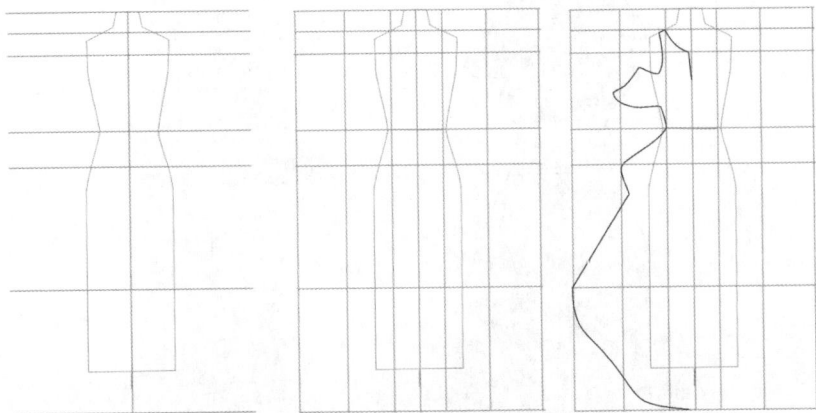

图5-12　西式礼服框架绘制

（二）正面图绘制

（1）确定裙长 $1.5W$。

（2）画裙外轮廓线，线条要顺滑、圆润。

（3）画局部结构，如口袋、前侧开衩等。

（4）细节处理，如各部位的明线绘制（图5-13）。

（三）背面图绘制

绘制方法和步骤与前片相同，不同的是后片局部细节的设计变化（图5-14）。

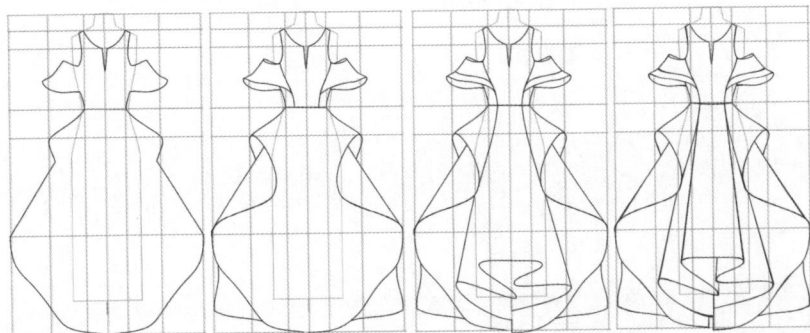

图5-13　西式礼服正面绘制步骤

图5-14　西式礼服
背面绘制效果

（四）调整整理

擦去辅助线，描重外轮廓线，注重线条的流畅与清晰。

★小贴士★

　　亲爱的设计师们，经过大家的共同努力，你们对西式礼服的知识掌握了吗？现在是你们发挥创作才能的时刻了，请各团队齐心协力完成各自的设计方案吧！

◎课题演练

运用所学知识，根据图5-15提供的礼服款进行款式图绘制。

具体要求：（1）款式绘制比例合理。

　　　　　（2）细节刻画清晰、准确。

　　　　　（3）绘制线条流畅、粗细恰当。

图5-15 西式礼服演练例图

评价用表

序号	具体指标	分值	自评	小组互评	教师评价	小计
1	款式图表现清晰，便于理解和交流，整体造型效果美观	2				
2	款式具备创新特色和流行时尚元素	2				
3	款式细节（分割线、褶裥、省道、衣领、裙摆等）表达明确	2				
4	系列款式风格统一	2				

序号	具体指标	分值	自评	小组互评	教师评价	小计
5	款式绘制比例恰当，线条清晰流畅、粗细恰当	2				
合计		10				

◎ 课题拓展

以一个教学班为单位，模拟服装企业设计部，分成6个设计小组，每组4~6人。运用所学西式礼服款式变化要领及绘制步骤，完成一个酒会西式小礼服系列的设计，由每个设计小组分别承担。一个系列8款，要求画出正面、背面款式图，绘制在4开版面上。

款号	1	2	3	4
图样				
色彩小样				
款号	5	6	7	8
图样				
色彩小样				

◎ 课外知识拓展

西式礼服发展史

礼服与欧洲文化密切相关，古代欧洲贵族女性穿着袒胸束腰的钟形衣裙可以看作西式礼服的雏形。16世纪文艺复兴时期出现的紧身衣和裙撑，使礼服的概念逐渐清晰化。17世纪盛行的巴洛克艺术推动了西式礼服华丽、隆重的风格，这一时期出现的拖尾裙摆，成就了后来的"拖尾婚纱"。18世纪末以后，礼服的发展趋向多元化，并成为单独的门类被分离出来。20世纪，女性解放，盛行S型礼服样式，"一战"期间诞生"鱼尾裙"。

任务二　中式礼服款式设计

◎任务描述

　　某女装品牌开始新一季设计开发，公司设计室决定安排设计攻关小组，根据产品开发规划和产品开发任务，进行新季度中式礼服款式设计方案，并设计绘制其款式图。请各设计小组齐心协力，结合本任务的要求，融合当前的流行元素，在尽可能短的时间内准确、严谨地完成设计方案。

◎知识目标

　　（1）了解中式礼服的分类。
　　（2）熟悉当前礼服的流行趋势（款式造型、色彩、图案、面辅料、工艺等），训练学生敏锐的捕捉能力与良好的创新能力。
　　（3）掌握中式礼服款式图的具体步骤与方法。

◎技能目标

　　（1）能进行中式礼服款式设计图的绘制与款式特征的表现。
　　（2）能掌握中式礼服款式的变化要领与方法。
　　（3）能根据所学款式设计要领独立设计中式礼服单品系列。

◎素养目标

　　给予学生一定的尊重，让学生的设计思维得到充分的表达，引导学生形成良好的文化素养。

◎ 思政目标

让学生对我国传统民族文化与精神产生浓厚的兴趣，引导学生养成良好的民族精神，树立坚定的民族自信心。

◎ 课题知识

中式礼服基础知识

中国历来有"衣冠王国"的称号，中国的衣冠史始于奴隶社会礼制背景下出现的冠服制度，如祭祀时着祭服、朝会时着朝服、婚嫁着吉服、从戎着军服。秦汉时期，女子礼服以深衣为尚，至清代，礼服被满族旗装取而代之。民国期间，旗袍盛行。中华人民共和国成立后，现代礼服样式更加丰富。中式礼服伴随着我国久远的历史演变，在风格、形制上都更加多元化。本单元将中式礼服中的典型款式：旗袍、裙褂、汉服、唐装、新中式礼服，进行分类论述。

1. 旗袍式礼服

旗袍的前身是清代满族妇女所穿的一种服饰，早期的"旗女之袍"以圆领肥袖的连体筒状长袍为基本造型。民国时期，旗袍样式受到新文化运动和五四运动的影响，款式上呈现出收腰窄袖的趋势，可以说民国旗袍才是真正意义上旗袍的雏形，本节所要讲述的中式礼服的典型代表就从民国的旗袍样式开始。

（1）民国旗袍（图5-16）：20世纪20年代初期开始流行旗袍马甲，款式与旗女之袍相似，但无袖，肩部较窄，下摆和袖口较宽，无胸腰省，整体呈A型且长度短至小腿，女性将其穿于褂袄之外。20世纪20年代末，宽大平直的A型旗袍逐渐被H型旗袍所取代，民国旗袍的典型样式也逐渐成形：立领，修身袖口，下摆收窄，裙长及膝，开衩较短，收胸腰省，廓型曲线感更加明显。综上所述，民国旗袍打破了传统的封建思想，从最初的轻功能重装饰转变为功能性与装饰性并存，展现了女性对独立与平等的追求。

（2）海派旗袍（图5-17）：服装样式的变化与社会风俗的演变息息相关，而旗袍款式的发展也是女性追求男女平权的一个写

图5-16 民国旗袍

照。宽大平直的旗袍最初曾是"京派文化"的一个缩影，辛亥革命以后，随着人们思想的解放，上海在传统旗袍样式的基础上，结合本地特色的文化潮流，形成了别具一格的"海派旗袍"，并一直延续至今。海派旗袍以长而紧身和高开衩为主调，辅之以西式省道塑造S形曲线，廓型较贴身。海派旗袍的发展也是中式服装从"平面"走向"立体"的典型代表。

图5-17　海派旗袍

（3）当代旗袍（图5-18）：当代旗袍较过去的旗袍无论在款式上还是结构工艺上都结合现代技术进行了变化和创新，造型样式十分丰富。就门襟来说，样式不局限于传统的圆襟、斜襟、双襟、琵琶襟，甚至出现了更符合现代人们穿着习惯的拉链式假门襟；其他部位如领型、袖型、开衩、下摆等样式更是有无限变化。市场上制作具有现代元素的创意旗袍品牌也很多，较为知名的有夏姿陈、东北虎等。

图5-18　当代旗袍

2.裙褂式礼服

褂一般指对襟的上衣，裙指下裳为长裙的形制，故裙褂式礼服也是传统的上衣下裳制。裙褂式礼服的领部造型以贴合颈部的小立领为主，辅之绣以龙凤纹、牡丹花纹等纹样，穿着时袖口到手腕的距离一般保持在6cm左右，并佩戴手镯等饰品，以增添服饰的厚重感和精致性。现在，裙褂式礼服由早先的宽松款式逐渐变得更加贴合女性的人体曲线，以迎合当前社会女性对礼服穿着的需求。

（1）龙凤褂：特指在服饰上绣有龙凤图案的长袍，其主要特征在于具有相应的固定制式和纹样布局的服饰纹样。龙凤褂上常见纹样图案有游龙戏凤、牡丹花枝、双喜连理、鸳鸯戏水、金玉满堂、花开并蒂、蝙蝠祥云等，这些寓意对婚姻美好祝福的传统纹样使龙凤褂成为婚礼服的一种选择。

（2）秀禾服：在汉式礼服的基础上进行款式的调整，将膝襕单独摘出来并拉长其造型作为秀禾的门面，底襕则放置在门面之后，覆云肩，衍生出秀禾的造型。

（3）马来褂：是马来西亚华人的传统中式礼服，其款式结构与秀禾相似，细节处略有不同，如取消袖襕并对袖子做整体装饰，删减下摆处正面的膝襕，侧面膝襕变为细系带，系带下做副门面衬托，以增强裙子的层次感。马来褂在工艺上借鉴了西式婚纱蕾丝编织的刺绣技艺，色彩也降低饱和度改为浅色调。

3.汉服式礼服

汉服，也称"华服"，是我国汉族不断发展融合所产生的代表性服饰（图5-19）。据《后汉书·舆服志下》记载："服衣，深衣制，有袍，随五时色。"汉服的服制以上衣下裳为主，深衣制则是将衣裳上下进行缝合可更突出女性的曲线美感，五色即青、赤、黄、白、黑。汉式礼服沿用了传统汉服的基本风格结构，交领、右衽、束腰，搭配以云肩、袖襕、膝襕、底襕等基本元素，整体造型分为短衫式和长褂式，下裳又可分垂直和斜置两种样式。

图5-19　汉服式礼服

4.唐装式礼服

唐装的雏形源于清末时期的"马褂"，后经西式立体裁剪技术加以改良。唐装礼服的面料主要有织锦缎、真丝、纱绉、香云纱，款式上常用立领、对襟、装袖、盘扣、刺绣等装饰元素，色彩延续了中式传统的色彩搭配，如以正黄、赤红、金黄等为主色调。如今，中国传统服饰中的唐装汉服圆领、交领、系带、广袖、窄袖等元素也被涵盖在唐装礼服的范围内（图5-20）。

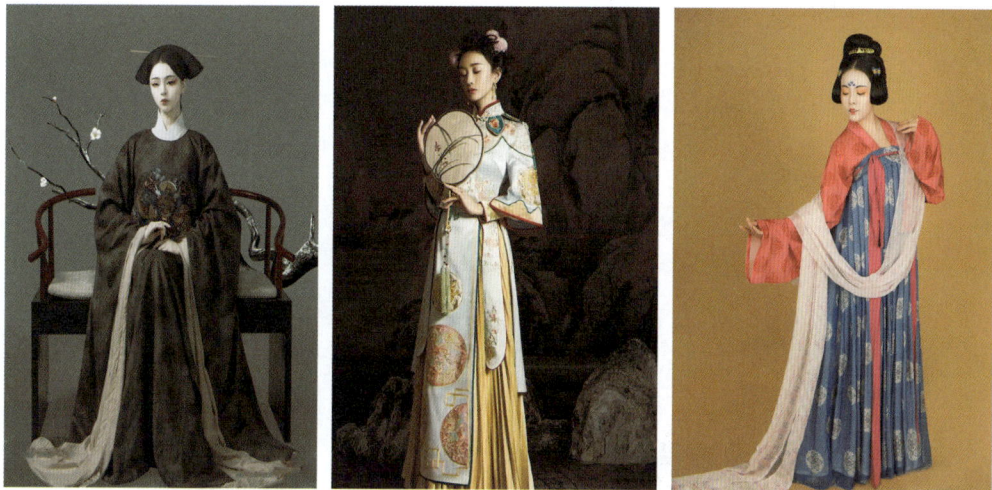

图5-20　唐装式礼服

5.新中式礼服

新中式礼服造型沿用了中国传统服饰的基本款式，局部造型做了现代化的调整，于中式传统文化中注入现代的生活情趣（图5-21）。

图5-21　新中式礼服

◎课题培训

一、中式礼服款式变化要领

中式礼服具体的款式设计可以从廓型、领型、襟型、下摆、装饰等几个方面进行变化。

（一）廓型设计

早期中式礼服的工艺多为平面裁剪，故人体与服装面料之间存在空隙，相较于西方女性对人体曲线的追求，中式礼服更多展现的是东方女性含蓄的气质。但随着清末西方文化的传入，中式礼服的廓型也在逐渐发生变化，如旗袍由前期的直筒型演变为花瓶型，胸腰部的收紧使得女性曲线更加明显，轮廓设计充分结合女性肩、颈、腰、臀、腿等部位的形体特征，传递出自然、柔和的美。中式礼服廓型的变化体现出由繁到简的过程，同时也是人类思想逐步解放的过程（图5-22）。

图5-22　中式礼服廓型设计

（二）领型设计

中式礼服标志性的领型样式为立领，立领的设计主要体现在领座高低和领口线的变化上，高立领包裹女性的颈部，展现出高贵、典雅的视觉感受；而低领露出更多的颈部线条，款式特征更加自然。在现代中式礼服的设计中，常常运用立领元素的夸张变形来增加礼服的生动感。例如，传统旗袍的水滴领将镂空长度适当拉长，增加肌肤的裸露程度，使礼服更显性感。除了最常见的立领样式，中式礼服也有清末袍服的无领和接近于汉服的V领样式，这两种领型相较于立领更显得随性、自然（图5-23）。

图5-23 中式礼服领型设计

（三）襟型设计

门襟结构是中式礼服元素中不可或缺的一部分，也是中式礼服造型布局的重要分割线。其中，旗袍的开襟样式以右衽为主，细节上按线型可分为直襟、曲襟、圆襟、方襟、斜襟、一字襟、八字襟、三角襟，按个数可分为单襟和双襟，按工艺可分为明襟和隐襟等。在中式礼服设计中，门襟的长度、位置、造型等都可以有具体的变化。例如，门襟位置的改变可以给人不同的视觉感受，从领口开到袖底的斜门襟带有古朴的韵味，而若将门襟开在正中间则会使人感到庄重。再如，延伸门襟的长度从腰身到裙摆，使上下的门襟元素相呼应，在视觉上可以给人一种拉长感（图5-24）。

图5-24 中式礼服襟型设计

（四）下摆设计

中式礼服的下摆设计主要考虑开衩元素的应用。据考证，清代满族妇女的袍服原先是没有开衩的，发展到民国初期，袍服两侧才开始出现开衩，这一改变不仅给女性带来了行动上的便利，也象征着女性思想的解放（图5-25）。

图5-25　中式礼服下摆设计

（五）装饰设计

中式礼服的装饰元素如盘扣，最初是在旗袍的立领、胸襟和下摆开衩处使用，现代礼服中也常将其作为设计元素而单独使用，其不仅具有实用和装饰功能，更展现了中国传统文化的丰富内涵和意蕴（图5-26）。

图5-26　中式礼服装饰设计

二、中式礼服款式绘制

以图5-27所示的款式为例，其绘制的详细步骤如下。

（一）确定基础框架

（1）定腰宽 W，绘制一条水平线。

（2）画对称线，在腰宽线的一半处画一条垂直线。

（3）定臀高线0.5W，由水平线向下画一条腰线的平行线。

（4）在步骤（3）中的平行线上画臀宽1.4W，由对称线向两边平分（图5-28）。

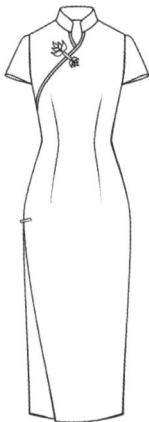

图5-27　中式礼服例图

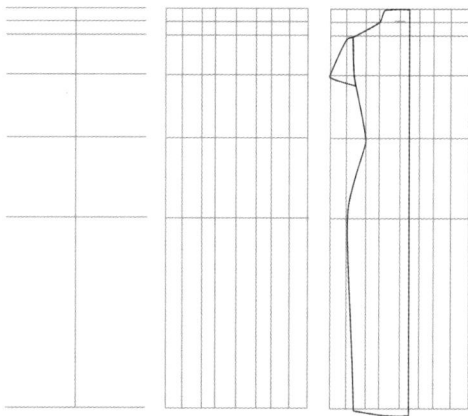

图5-28　中式礼服框架绘制

（二）正面图绘制

（1）确定裙长1.5W。

（2）画裙外轮廓线，线条要顺滑、圆润。

（3）画局部结构，如口袋、前侧开衩等。

（4）细节处理，如各部位的明线绘制（图5-29）。

（三）背面图绘制

绘制方法和步骤与前片相同，不同的是后片局部细节的设计变化（图5-30）。

（四）调整整理

擦去辅助线，描重外轮廓线，注重线条的流畅与清晰。

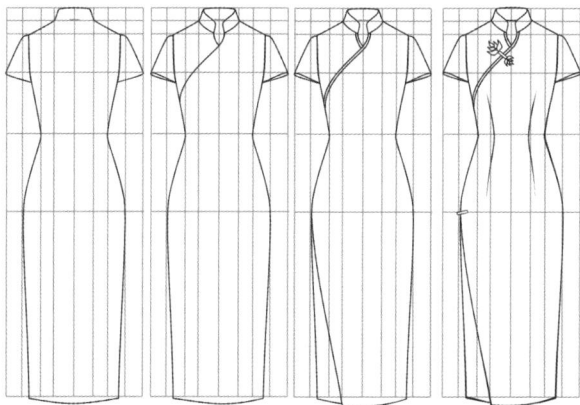

图5-29　中式礼服正面绘制步骤

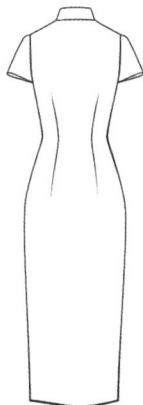

图5-30　中式礼服背面绘制效果

★小贴士★

　　亲爱的设计师们，经过大家的共同努力，你们对中式礼服的知识掌握了吗？现在是你们发挥创作才能的时刻了，请各团队齐心协力完成各自的设计方案吧！

◎ 课题演练

　　运用所学知识，根据图5-31提供的中式礼服进行款式图绘制。

　　具体要求：（1）款式绘制比例合理。

　　　　　　　（2）细节刻画清晰、准确。

　　　　　　　（3）绘制线条流畅、粗细恰当。

图5-31　中式礼服演练例图

评价用表

序号	具体指标	分值	自评	小组互评	教师评价	小计
1	款式图表现清晰，便于理解和交流，整体造型效果美观	2				
2	款式具备创新特色和流行时尚元素	2				
3	款式细节（分割线、褶裥、省道、衣领、袖口等）表达明确	2				
4	系列款式风格统一	2				
5	款式绘制比例恰当，线条清晰流畅、粗细恰当	2				
合计		10				

◎ 课题拓展

　　以一个教学班为单位，模拟服装企业设计部，分成6个设计小组，每组4~6人。运用所学中式礼服款式变化要领及绘制步骤，完成旗袍式礼服、裙褂式礼服、汉服式礼服、唐装式礼服、新中式礼服各一个系列的设计，由每个设计小组分别承担。一个系列8款，要求画出正面、背面款式图，绘制在4开版面上。

款号	1	2	3	4
图样				
色彩小样				
款号	5	6	7	8
图样				
色彩小样				

◎ 课外知识拓展

中式女性婚礼服的发展

　　传统的中式女性婚礼服最早可追溯至商朝，当时冠服制度和上衣下裳的形制已经出现，周朝的婚礼礼制十分严格，女性婚礼服以黑色为主，象征着对夫君的忠贞不二。秦汉时期，女性婚礼服虽沿用了上衣下裳的形制，但袖口收紧且衣袖更为宽大，婚礼服的质量有所提升，款式更加新颖且工艺更加精致。唐代婚礼服的色彩体系更为成熟，以青色为主。宋代，婚礼服较为简朴。明清时期，在保持凤冠霞帔的基础上，增加了很多文字和图案，色彩更加艳丽、层次更丰富。之后，随着西方文化的传入，婚礼服出现了中西交融的款式。

参考文献

[1] 庄立新，韩静.成衣产品设计[M].北京：中国纺织出版社，2009.

[2] 浙江省教育厅职成教教研室组.服务礼仪[M].北京：高等教育出版社，2009.

[3] 高亦文，孙有霞.服装款式图绘制技法[M].上海：东华大学出版社，2013.

[4] 丰蔚.成衣设计项目教学[M].北京：中国水利水电出版社，2010.

[5] 刘元风.服装设计学[M].北京：高等教育出版社，2005.

[6] 陈娟芬，章华霞，赖伊萍，等.女裙·裤装款式·版型·工艺[M].上海：东华大学出版社，2020.

[7] 刘若琳.创意成衣设计[M].上海：东华大学出版社，2019.

[8] 刘晓刚.服装设计2：女装设计[M].上海：东华大学出版社，2008.

[9] 杨树彬，于国瑞.服装设计基础[M].北京：高等教育出版社，2002.

[10] 王辉.西方婚礼服文化对中式礼服设计的影响[J].包装世界，2015（5）：107-108.

[11] 缪媛曼.汉服元素在现代中式婚礼服中的应用[D].苏州：苏州大学，2014.

[12] 林琳.中国传统婚礼服饰的发展趋势研究[D].北京：北京服装学院，2013.